I0060209

DE L'VSA
DE GEOMETRIE,

PAR IAQVES PELETIER,
MEDECIN ET MATHEMATICIEN.

A TRESILLVSTRE SEIGNEVR
MESSIRE ALBERT DEGONDY
COMTE DE RETS.

A PARIS,

Chez Gilles Gourbin, à l'enseigne de l'Esperance, deuant
le College de Cambray.

M. D. LXXIII.

AVEC PRIVILEGE DV ROY.

SONNET DE P. DEMAY, DE
CHASTELLERAVD, SECRETAIRE
de Monseigneur le Duc de Sauoye.

Si ce grand Archimede, honneur de Syracuse,
    La foudre & la terreur des Rommains assaillans,
    Pour son diuin sçauoir fut prisé des vaillans,
    Qui de luy offensez, en pouuoient prendre excuse:
Pourquoy nous, qui voyons cette science infuse
    Estre ores dedans toy, serons nous deffaillans
    A t'aimer & cherir, si grand fruict recueillans
    De tes inuentions, & de ta docte Muse?
Tu es ainsi que luy, bon Geometrien:
    Tu es ainsi que luy, bon Astrologien:
    Et plus que luy tu as l'vtile art d'Esculape:
Et du Neuuain troupeau as monstré les secrets,
    Ainsi que feit iadis le mieux chantant des Grecs,
    Dont le los celebré le Ciel Christalin frape.

                       Mourant verdoyer.

A TRESILLVSTRE SEIGNEVR

MESSIRE ALBERT DEGONDI COMTE

de Retz, Cheualier de l'ordre du Roy, premier
Gentil-homme de sa chambre, Capitaine
des cent Gentils-hommes de sa mai-
son, Gouuerneur & Lieutenant
general pour sa Maiesté à
Mets & pays
Meßin.

ENTRE les hommes de sçauoir & d'experience, Monseigneur, a esté commu-
nement douté, laquelle doit estre pre-
ferée selon l'ordre de nature & de dignité, ou la Theorique, ou la Practique.
De laquelle controuerse est difficile de
trouuer l'issue. Et n'estant icy le lieu de
raisonner d'vne part & d'autre, il me suffira de dire que ce
sont deux parties qui se rédét tel deuoir ensemble, qu'on ne
sçauroit entendre vn artifice en sa perfection, sans la con-
uenance & rapport de l'vne auec l'autre. Mesme l'homme,
industrieux, tant plus il est vsité au maniment des choses,
moins il luy est possible de produire ses desseins à effect,
sans y employer de la speculation: Et au contraire, tant plus
l'homme spirituel est ententif aux imaginations, moins il
sen peut resoudre, sans y appliquer certaine consideration
d'vsage, c'est à dire d'vtilité & commodité. Et si entre les
Philosophes la partie speculatiue a tousiours esté la plus re-
commandable, il ne faut pas croire pourtant que nature
fauorise plus la condition & l'intention des hommes con-

A ij

templatifs,que des hommes ouuriers, elle mefmemēt qui
eſt ouuriere continuelle & infatigable. Que ſi elle conſent
& permect à l'homme qu'il s'encline à l'vne plus qu'à l'autre,
& que les amis puremēt ſpirituels luy ſemblēt eſtre d'autāt
plus dignes que plus ils ſont rares, elle faict cela d'vne certaine liberalité,pour gratifier au deſir de ceux qui cherchēt
le repos,&comme ils appellent,la tranquilité de leur eſprit:
combien qu'à la verité il n'eſt rien moins conuenable à nature, que la ſolitude, ny rien plus acceptable, que la fre-
quentation. Meſmes ſi nous preferons les choſes rares aux
vulgaires, comme le raiſonnable iugement nous amonne-
ſte, il ſe trouuera autant de raritez,ou pour clairement parler , autant de ſingularitez parmy les actions humaines
comme entre les enſeignemens Philoſophiques. Car
qu'eſt-ce de la contemplation vertueuſe, s'elle n'eſt appli-
quée & habituée à cela qui eſt vertu? Et certainement, en
regardant de pres le merite & l'eſtat des affaires,il eſt mal-
aiſé de iuger combien eſt moindre le nombre des bons
executeurs que des bons contemplateurs, & ſemble que
nature expreſſement ait voulu ſuſciter es entendemēs des
hommes plus grande reuerence & admiration de ſoy par
ſes ouurages qu'elle a mis en euidence par tout le monde:
que par ſes cauſes & ſciences,quaſi toutes reſeruées à ſa ſeule cognoiſſance : voire que les choſes n'ayans que leurs premiers rudimēs, ſont celles bien ſouuent qui deſcouurent la
maiſtriſe & fecondité d'icelle: de laquelle la grāde prudēce
eſt de faire tout par degrez de plus & de moins, pour teſ-
moigner de ſoymeſme, qu'elle eſt egallement occupée à
deſſeigner,à nourrir , & à eſleuer ſes factures. Mais pour
n'entrer point ſi auant en ce diſcours trop vniuerſel, i'em-
ployeray pour exemple de cet argument noſtre ſeule Geometrie, laquelle apporte vn infiny plaiſir en la contemplation d'vne ſi belle ordonnance & ſi bien garnie de cauſes &
raiſons infallibles,neceſſaires,irrepugnables:& d'autre part
vne commodité ampliſſime en l'exercice & maniment.Car
il n'y a negoce, pour grād ou petit qu'il ſoit,qui ne ſe trouue

ou apertement ou couuertement entretenu & commé
animé de mesure & de proportion, deux parties essentielles
de Geometrie: de l'autre part, n'y a intelligéce si abstruse, qui
ne soit reuetue &incorporée d'vne intétion d'effect &d'execution. Et de ma part ie suis bien loing de l'opinion de
ceux qui n'apellét Geometrie sinon celle Elemétaire, trait-
tée par Euclide, non pas celle vsagere d'Archimede, d'Apo-
loine, de Tolemee & des autres auteurs excellens qui ont si
ingenieusement conioinct l'artifice auec l'experience. Pour
ces causes, Mõseigneur, combié que i'aïe intitulé ce Liure,
de l'vsage de Geometrie, si ne pouuoy-ie, ny deuoy faire autrement que ie ne premisse les Principes puremét Theori-
ques, auãt qu'entrer en matiere de ce que le Titre propose:
estãt mon principal but de rédre ces deux parties cõiointes
ensemble. En quoy si i'ay vsé de quelque iugement, ie reco-
gnoy en moy-mesme que la meilleure & plus louable ele-
ctiõ que ie sceusse faire, a esté de vous dedier ce mié labeur,
comme à celuy que i'ay peu cognoistre le plus digne d'vn
tel suget. Car cõme la Vertu qui vous guide, & la Fortune
qui vous accompaigne, semblent à l'enuy combatre à qui
vous esleuera plus haut, ainsi l'ornement & splédeur de vostre esprit, qui a pris vn continuel accroissement auec vous,
par la congnoissance de toutes choses excellentes, & singu-
lierement de la Geometrie, m'a expressemét inuité & induit
à vous faire tel present, que vous puissiez autoriser de vostre
iugement, honorer de vostre dignité, & illustrer de vostre
renom, ce pendãt que ie me prepare à vous faire veoir d'autres euures que i'ay en main, tant en Geometrie, qu'és autres parties Mathematiques, en Philosophie, & mesmes és
lettres humaines. Vous suppliant, Monseigneur, de receuoir
cestuy-cy pour gage & asseurance de l'humble & affection-
né desir que i'ay de vous faire seruice qui vous soit acceptable. A Paris, le tiers iour de Nouembre, 1572.

LES CHAPITRES
DV LIVRE.

DES DIFFINITIONS.

DES PROBLEMES.

Departir

DIFFINITIONS.

I.

LE Point, eſt ceſuy pui n'a aucunes parties.

Toute Dimenſion eſchet en trois quãtitez : ſcauoir eſt en longueur, en largeur et parfondeur. Deſquelles nulle ne conuient au Point. Pource eſt il indiuiſible, c'eſt à dire, ſans parties.

II.

La Ligne, eſt celle qui eſt ſeulement longue. De laquelle les extremitez ſont les Poincts.

Le trait, a b, eſt Ligne : lequel eſt long ſeulement, non pas large ne parfond. La Ligne n'a que deux extremitez : Comme icy ſont les deux points, a, et, b:

A _____ B

III.

La Ligne Droicte, eſt celle qui eſt egalemẽt cópriſe entre les Poincts. Ou biẽ, c'eſt vn trait le plus court qui ſe puiſſe faire d'vn point à autre.

Tel eſt le traict, a b, cy deſſus, lequel eſt d'vne ſuite egale

B

& fans aucun detour depuis le point, a, iufques au point, b.

IIII.

La ligne Oblique ou courbe, eſt celle qui eſt conduitte par circuit depuis vn poinct iuſqu'à l'autre.

Telle eſt la ligne, c d : laquelle eſt conduite par circuit depuis le point, c, iuſques au point, d.

V.

La Superfice ou Aire, eſt celle qui eſt longue & large, mais non pas parfonde: Et les extremitez d'icelle, ſont les Lignes.

Telle eſt la Figure, a b c, cloſe de trois lignes droites, a b, b c, &, c a, qui ſont les trois extremitez d'icelle : Car la Superfice ne peut auoir moins de trois extreſmes: par ce que deux Lignes droites ne peuuēt fermer vne Superfice. Mais le Cercle eſt vne Superfice, qui a vn ſeul extreſme, c'eſt à dire, qui eſt compris en vne Ligne: Comme peu apres nous montrerons.

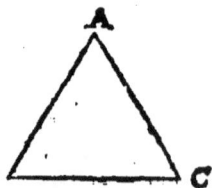

VI.

La Superfice Plaine, eſt celle qui eſt egalement compriſe entre ſes Lignes.

Comme eſt la Figure, a b c d, Car ſi vous entendez vne Ligne droitte qui ſoit conduite au trauers de la Superfice, a b c d, elle la ra-ſera de telle ſorte, qu'elle ne laiſſera

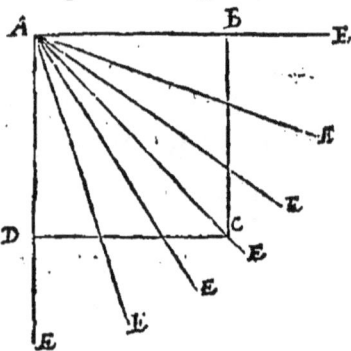

riē qui ſurpaſſe, ne riē qui ſoit vuide. Cōme eſt la Ligne, a e:
de laquelle l'extremité, a, eſtant fixe & immobile, ce pendāt
qu'icelle Ligne ſe mouuāt du coſté, a b, eſt cōduite par l'eſpace, a b c d, iuſquau' coſté. a d, laiſſe vne equalité & vnimēt
en paſſant, de ſorte que rien ne ſoit deſſus ny deſſous elle.

V I I.

L'Angle Plain, eſt le concours de deux lignes,
qui ſ'entrecoupent en vn meſme point.

L'Angle Plain ſe fait ou de
deux lignes droites, comme
l'Angle, b, par le concours des
deux lignes droites, a b, & , b c:
ou de deux obliques: comme
l'Angle, e, par le concours des
deux obliques, d e, & , e f: ou
biē de l'vne droite, & de l'autre oblique. Comme l'Angle,

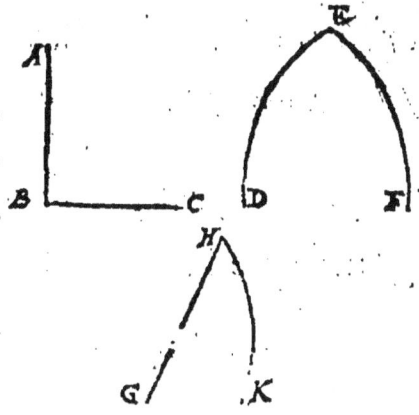

b, par le concours de la ligne droite, g h, & de l'oblique, k
h. L'Angle Plain Rectiligne ſe deuiſe en Angle Droit, Agu,
& Obtus.

V I I I.

L'Angle droit Rectiligne, c'eſt quād deux lignes
droites tombent l'vne ſur lautre au niueau: c'eſt à
dire, quand elles font de chaque part deux Angles egaux l'vn à l'autre.

Comme la Ligne droite, a b, tom-
bāt ſur la Ligne droite, c d, fait deux
angles, a b c, & , a b d, entre ſoy egaux
par ce qu'icelle ligne, a b, ne panche

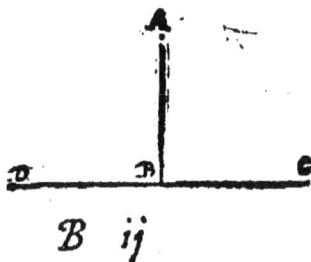

B ij

d'vn cofté ny d'autre. Et pour autant elle eft Perpendiculaire, c'eft à dire au niueau, fur la Ligne, c d.

L'Angle Agu Rectiligne, c'eft celuy qui eft moindre qu'vn angle Droit.

L'Agu Rectiligne se fait, quand
Vne ligne droite pãche d'vn cofté fur
Vne ligne droite : comme fait la ligne
e f, fur la ligne, g h, panchant Vers le
point, g, & faifant l'Angle, e f g, agu.

L'Angle ObtusRectiligne, eft celuy qui eft plus grand que l'Angle Droit.

L'Angle Obtus contiët en foy l'angle droit. Côme en la de-
fcription prochaine cy deffus, l'angle, e f g, eft Obtus : par ce
que si vous entendez Vne ligne efleuee perpendiculairement
du point, f, elle tombera entre e, f, &, f h : & fera l'angle
e f h, compofé de deux angles, l'vn droit & l'autre agu :
Et pource, le total angle, f h, eft Obtus. Cela fait que quand
Vne ligne tombant fur vne autre ligne, fait deux angles ça
& la inegaux l'vn à l'autre, l'vn d'iceux angles eft obtus,
& l'autre agu.

Le Cercle, eft vne Superfice defcritte par v-ne ligne droite menee fur l'vn de fes deux ex-trefmes immobiles, iufques à tant qu'elle foit re-tournee à l'endroit dont ell'eft premierement par-tic. Et cet extrefme immobile, s'appelle Centre

du Cercle : & la ligne deſcritte par l'autre extreſme
mobile, ſ'appelle Circonference du Cercle.

Le Diametre du Cercle, eſt vne ligne droite
auenant de chaque bout à la Circonfere--ce, & coupant le Cercle en deux parties egales.

La Figure, a b c d, eſt vn Cercle du-
quel le Centre, eſt, e : le Diametre, eſt, d
e b , coupant le Cercle en deux parties
egales, b a d, & , b c d. De cecy eſt ma-
nifeſte , que toutes lignes menees du
Centre, à la Circonference ſont egales.
Car ſi vous entendez la ligne droite, a b,
de laquelle l'vn des extreſmes , a , ſoit
immobile, cependant qu'icelle, a b, ſe con-
tourne par les points, c, d, e, f, g, h, k,
iuſques à tãt qu'elle ſoit raportee au lieu
dont elle eſtoit bougee, c'eſt à ſçauoir au point, b : tellement
qu'elle de ſoymeſme ſe ſoit refaite en, a b. Car ce faiſant elle
aura laiſſé les lignes, a c, a d, a e, a f, & toutes les autres
egales à elle, & entre elles.

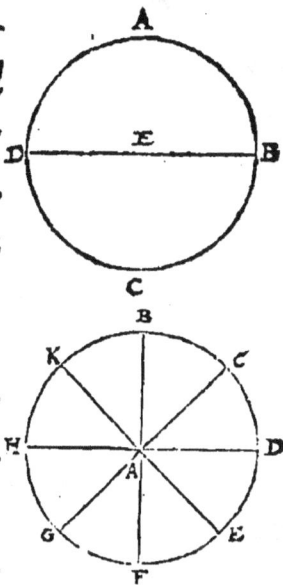

L'excellëce du Cercle eſt telle , qu'à bon droit il peut eſtre
pris pour la premiere & pour la derniere des Figures Geome-
triques : La premiere, parce qu'il eſt fermé d'vne ſeule ligne.
Et pource, eſt il le plus ſimple & le plus ſpectable de toutes
les Figures : La derniere, par ce qu'il eſt de plus grande com-
priſe que nulle de toutes, ſuppoſee equalité de circuit, & com-
prenãt dedans ſoy, comme Figure derniere, depuis le Trian-

gle iufques à l'infinité des autres Figures, le *Quarré*, le *Pẽta-*
gone, l'*Hexagone*, & toutes autres : aufquelles il donne regle, mefure, & proportion, comme fi elles eftoyent coupees
& retranchees d'iceluy : & auſſi compris dedans chacune
des regulieres *Rectilignes*, cõme premiere d'icelles. Et cõbien
qu'il ne femble auoir ny angles ny coftez, toutesfois la
Circonference peut eftre eftimee d'innumerables angles
& coftez, comme la *Ligne* d'infiniz points : & la *Superfice*
d'infinies *Lignes*. A la femblance duquel nous imaginons
Dieu infini & immenfe, contenant tout, & gouuernãt tout.

Et mefmement le *Centre* du *Cercle* eſt à confiderer, comme admirable en fa forte. Lequel comme il foit pofé au vray
milieu, & que, comme *Point*, il femble n'auoir aucunes parties, toutesfois par puiſſance il eſt capaciſſime. Car les lignes
innumerables qui fe terminent à la *Circonference*, font pa-
reillement toutes tirees du *Centre*, & icelles mefmes menees
de la *Circonference*, fe terminent toutes au *Centre* : qui le
rendent infiny en puiſſance, comme la *Circonference*.

X I I.

Lignes Paralleles ou Equidiftantes, font celles
qui ſans fin allongees, ne ſe rencontrent iamais
ny d'vne part ny d'autre.

Telles font les deux Lignes, a b, & ,c d: lefquelles allongees duquel fe veuille des deux bouts, ne viendront iamais
à fe ioindre. Cela fe fait quand vne ligne droitte tombant
fur deux autres lignes, fait fur icelles les deux angles exterieurs oppofites & de mefme part, egaux l'vn à l'autre : &
femblablement les interieurs oppofites de l'autre part, egaux

l'vn

l'vn à l'autre. *Comme la ligne droitte, e f, tombant sur les deux droittes, a b, & , c·d, & les coupant és points, g h, fait l'angle, a g e, exterieur sur la Ligne, a b, egal à l'angle, c h f, à luy opposite, & exterieur sur la ligne, c d : semblablement l'angle in terieur, a g f, sur icelle a b, egal à l'angle à luy oppo site , c h f, & in terieur sur la Li gne, c d.*

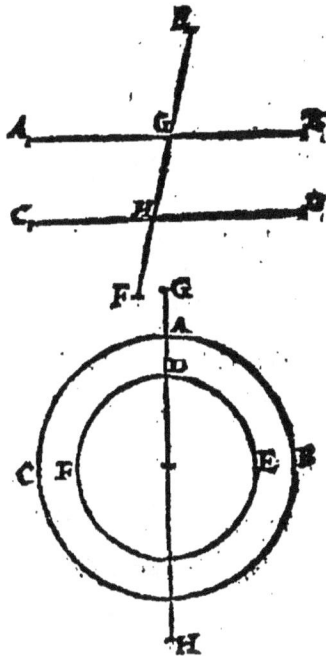

Pareille raison y a il des Li gnes Circulaires, Comme sont ici les deux Circon ferences, a b c, & d e f. Sur lesquelles tombant la Ligne droitte, k l, & les cou pant aux points, a, & , d, fait les deux angles, g a f, & , g d c exterieurs egaux l'vn à l'autre : semblablement les deux interieures, b a h, & , e d h, egaux l'vn a l'autre : Comme nous auons amplement demonstré sur la xv. Preposition du tiers Liure d'Euclide: & depuis en vn Commentaire de ce la escrit expres.

x i i i.

Le Triangle, est vne Superfice fermee de trois costez & de trois angles.

La premiere partition du Triangle, est en Rectan-

gle, Agüangle, & Obtuſangle: ou bien, comme
les Grecs diſent, en Orthogone, Oxygone, & Amblygone.

L'Orthogone, eſt celuy qui de ſes trois angles
en a vn qui eſt droit. L'Oxygone, eſt celuy qui a ſes
trois angles aguz. L'Amblygone, eſt celuy qui de
ſes trois angles, en a vn qui eſt Obtus.

Des Triangles ici aſcrits, le
Triangle, a b c, eſt Orthogone:
car l'angle ,b, eſt droit. Les
deux Triangles, d e f & g h k,
ſont Oxygones : car les trois

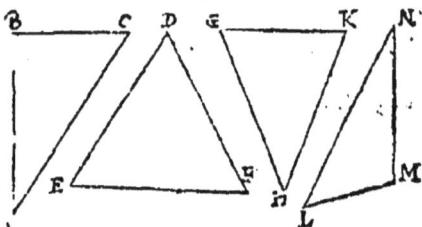

angles de chacun d'iceux, ſont aguz. Finablement, le Trian-
gle, l m n , eſt Amblygone : duquel l'angle, m , eſt obtus. Et
ici ie diray en paſſant qu'vn angle couſtumieremēt eſt mon-
ſtré par trois lettres, & denoté par la lettre du milieu. Com-
me quand au Triangle, a b c , ie veu monſtrer l'angle, a , ie
di, b a c : mais quand ie veu monſtrer l'angle, b , ie di, a b c:
& brief l'angle, c: ie di, a c b : de ſorte que la lettre denotant
l'angle, eſt touſiours au milieu des deux autres lettres.

X I I I I.

La ſeconde partition du Triangle, eſt en Equilatere, Iſoſcele, & Scalene.

L'Equilatere, eſt celuy qui a ſes trois coſtez e-
gaux enſemble L'Iſoſcele, eſt celuy qui a deux de
ſes coſtez egaux enſemble. Le Scalene, eſt celuy
qui a ſes trois coſtez inegaux.

Le Trian

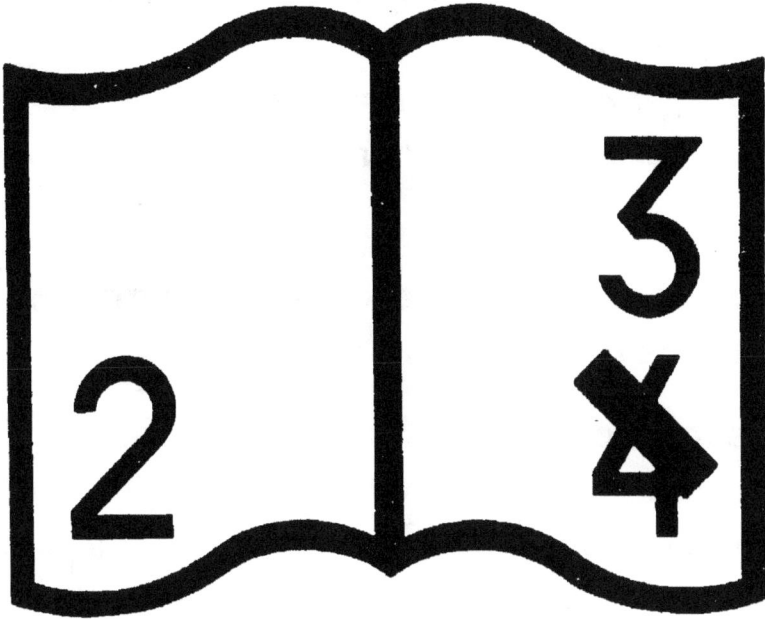

Pagination incorrecte — date incorrecte

NF Z 43-120-12

Le Triangle, d e f, est Equilatere. Car les trois costez, de, e f, & f d, sont egaux ensemble.

Le Triangle, g h k, est Isoscele : duquel les deux costez, g h, &, h k, sont egaux ensemble.

Le Triangle, a b c, est Scalene : & encores le Triangle, l m n : en chascun desquels tous les costez sont inegaux l'vn à l'autre.

XV.

Le Quarré est vne Superfice plaine, de quatre costez egaux, & de quatre angles droits.

Le Diametre du Quarré, est vne ligne menee de l'vn des angles à l'angle opposite : laquelle diuise toute la figure en deux Triangles, rectangles & egaux l'vn à l'autre.

La Figure a b c d, est Quarree : de laquele le Diametre, est la ligne, b c, departant iceluy Quarré en deux Triangles, a b c, &, b c d, rectangles, & egaux l'vn à l'autre.

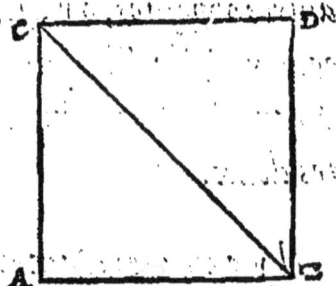

Il y a encores d'autres Figures Quadrangulaires ou Quadrilateres : Comme est le Parallelogramme, e f g h, Rectagle oblog, c'est à dire plus long que large : ayāt les costez opposites l'vn à l'autre, e f, &, g h, egaux ensemble : & aussi les costez, e g, &, f h, opposites l'vn à l'autre egaux ensemble : quels costez font quatre angles droits aux poins, e, f, g, h. Il y en a vne autre de costez egaux, mais d'angles inegaux : Comme est la Figure, k l m n : de laquelle tous les quatre costez sont egaux ensemble : mais les angles seulement

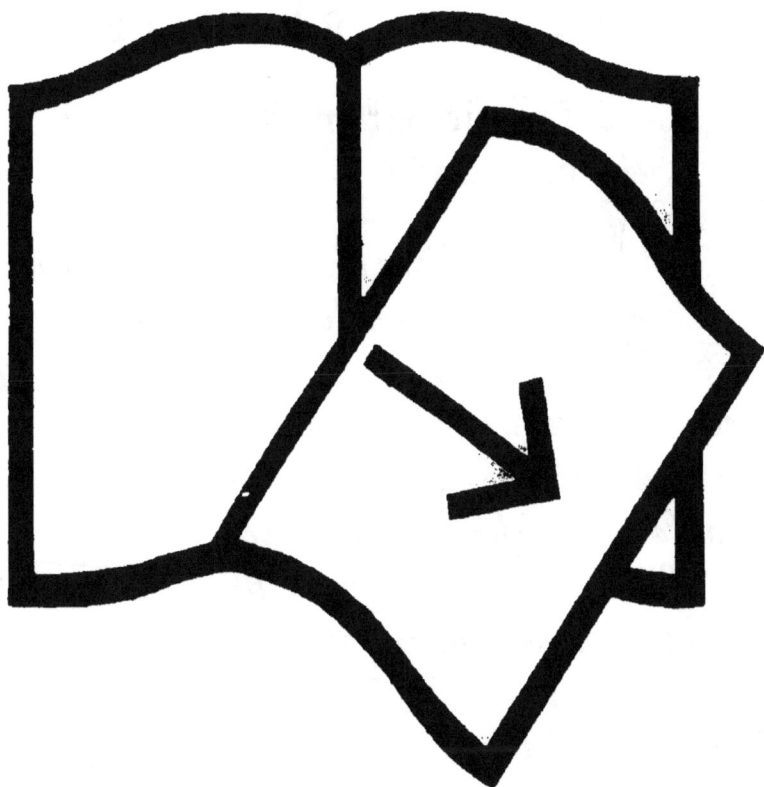

Documents manquants (pages, cahiers...)

NF Z 43-120-13

Pages 14-15 manquantes
Conforme à l'original

PROBLEME PREMIER.

Epartir par moitié vne droitte ligne donnée.

Soit la ligne droitte, A B, à departir par moitié. Sur les deux extremitez A, & B, ie descri deux Cercles d'egale estendue, plus grande toutefois que n'est la moitié de la ligne A B, donée (car si on fait difficulté en cela, il ne faut que descrire les deux Cercles selon l'estédue de la totale ligne A B) Et ils s'entrecouperont en deux poins opposites, comme aux poins C & D. Lors d'vne intersection à l'autre, ie meine la ligne droite C D, Et ce sera celle, C D, laquele coupera la ligne A B, donnée, en deux moitiez, au point E, Comme il faloit faire.

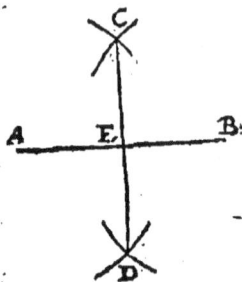

I I.

D'vn point donné en vne ligne droitte, tirer vne ligne perpendiculaire.

Soit la ligne droitte A B, & le point en elle döné, soit C: duquel point il faille mener vne ligne perpendiculaire. Ie fay que le point C, donné, soit le milieu de la ligne, ce qui se fera en descriuant vn cercle sur iceluy point C, de l'estendue de la

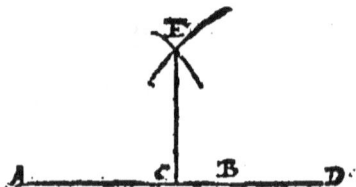

de la plus grãde portiõ, sçauoir est de C A, et allõgeãt C B,
iusqu'à la circonferéce, si que C D, soit egale à la portiõ A C.
Adõq sur l'extremité A, ie mets le pié ferme du compas, &
descri vn Cercle: lequel soit de plus grande estendue, que
n'est la demie A C. Puis le cõpas demeurant en son ouuerture, ie descri sur l'autrr extremité D, vn Cercle egal au premier, et qui l'entrecoupe au point E. Finablement du point
E, ie tire vne ligne au point C, donné : qui sera la ligne E C,
perpédiculaire à la ligne A B, donnée : c'est assauoir, que chacun des deux angles, A C E, & B C E, sera droit. Ce qu'a-
uiẽns proposé faire.

Autrement. Sur l'extre-
mité A, ie descri vn cercle de
libre estẽdue : laquele toutesfois doit estre plus grande que
n'est la moitié de la ligne, a c,
Adonc sans varier l'ouuer=
ture du cõpas ie descri sur le point C, vn cercle egal au premier : lesquels deux s'entrecouperont, comme an point D. Et
encores le compas demeurant en sa mesme estẽdue, sur le
mesme point D, ie descri vn cercle egal aux deux premiers,
Adonq du point A, par le point D, ie meine vne ligne
droite iusqu'à ce qu'elle atteigne le cercle dernier descrit, au
poinc E. Finablemẽt du point C, donné, i'erige la ligne C E,
laquele sera perpendiculaire sur le point C, comme nous
voulions.

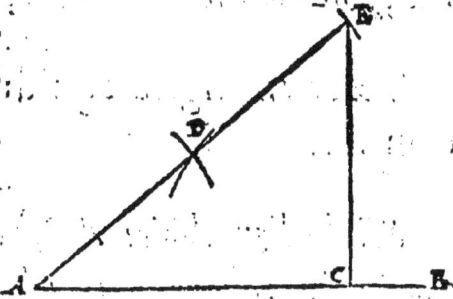

III.

D'vn point merqué hors la ligne interminee,
tirer vne perpendiculaire sur icelle ligne.

C iij.

Soit le point *A* , hors la ligne interminée, *B C*: Sur iceluy poinct *A* , ie descri vn Cercle lequel coupe la ligne interminée (car toute ligne interminée , se peut allonger si besoing est) et ce en deux points, comme *D, E.* Sur lesquels points ie descri deux Cercles d'egale estendue qui s'entre-coupent , comme au point *F.* Puis par le point *A*, ie tire vne ligne *F A G.* Laquelle sera perpendiculaire à la ligne *B C*, Comme il se deuoit faire,

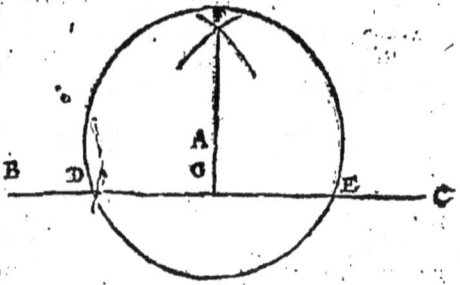

IIII.

Tirer vne ligne equidistante à vne ligne droite donnée.

Soit la ligne droite *A B*, à laquele se doiue mener vne ligne Equidistante. De quelque point d'icelle *A B*, comme du point *B*, ie meine vne perpendiculaire *B C*, par le second Probleme. Semblablement du point *C*, ie meine vne autre perpendiculaire *C D*. Laquele sera equidistante à la ligne *A B*, donnée, Comme il se deuoit faire.

Autrement par le Cercle. Soit la ligne *A B*, à laquele se doiue tirer vne ligne Parallele , ou equidistante , comme par le point *C*, (car qui sçait mener vne

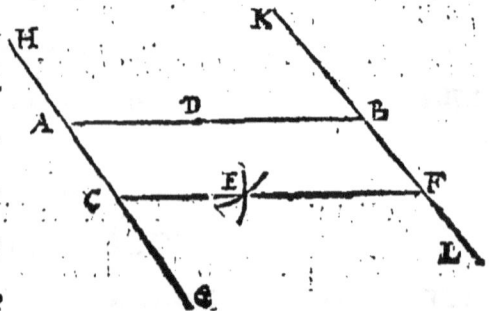

parallele

parallele par vn point donné, il la sçait mener par tout) Ie
rongneray de la ligne *AB*, vne portion à plaifir, comme la
portion *A D* (*&* fera mieux que *A D* foit plus grande que
n'eft la diftance des deux points *A*, *& C.*) *Adonq* fur le
point *C*, ie defcri vn Cercle felon l'efpace *A D.* *Et encores*
vn autre Cercle felon la diftance des deux points *A & C*:
lequel Cercle entrecoupera l'autre, comme au point *E.*
Adonc du point *C*, par le point de l'interfection, ie meine vne ligne *C E F*: Laquele fera *Parallele*, ou equidi-
diftante à la ligne donnée *A B*, Comme il fe deuoit faire.
Que s'il folloit tirer plufieurs lignes paralleles à la mefme ligne *A B*, lors faifant *A B & C F* egales, il faudroit pro-
longer les deux, *A C & B F* interminément, comme icy
font les lignes *G H & K L*: efqueles faudroit prendre les
diftances des paralleles à tirer: en defcriuant les Cercles,
comme nous auons maintenant dit.

V.

Faire vn Angle egal à vn Angle rectiligne donné.

Soit l'Angle Rectiligne *A B C*, *Auquel* fe doiue faire vn Angle egal, comme fur la Ligne *D F.* Ie fai les deux
lignes *A B, & B C* egales, au moyen du Cercle, c'eft á fçauoir du compas: & mei-
ne la ligne *A C*, pour parfaire le Triangle *A B C*,
Adonq fur le point *D*, ie
defcri vn Cercle *E F G*,
felon l'efpace *B C.* Puis fur
le point *F*, & felon l'efpace du cofté *A C*, ie defcri vn autre
Cercle, *G D K*: lequel entrecoupe le Cercle *E F G*, és deux

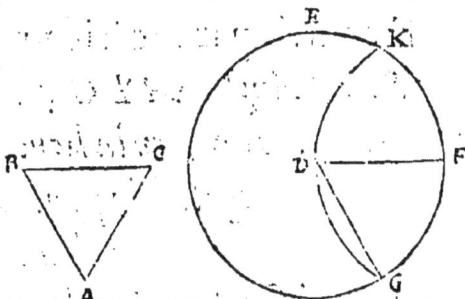

poins *G*, *K* : combien que l'vn des deux poins suffise pour
cet egard, Apres ie tire les lignes *D F* & *D G* : lesqueles feront l'angle *F D G*, tel que nous voulons : c'est assauoir egal
à l'angle *A B C* donné.

Faire vn Triangle egal & equilatere à vn Trian-
donné.

Soit le Triangle
donné *A B C*, au-
quel se doiue faire
vn Triangle egal

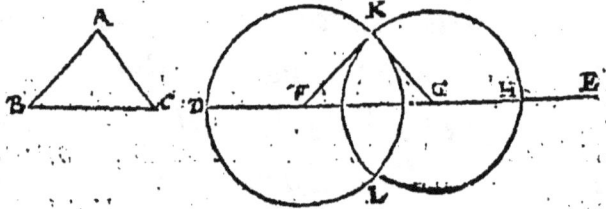

& equilatere. Ie tire la ligne interminée *D E*. Et d'icelle
D E, ie rongne *D F*, qui soit egale au costé *A B* : & fai
F G, egale au costé *B C*. Semblablement ie fai *G H* egale
au costé *A C*. Maintenant sur le point *F*, ie descri vn Cercle selon l'espace *F D*. Et puis sur le point *G*, ie descri vn
autre Cercle selon l'espace *G H* : lequel entrecoupera le premier Cercle en deux poins, comme *K*, *L*. Finablement des
deux poins, *F*, *G*, ie tire deux lignes à l'vne des intersections,
comme ou point *K*. Et sera faict le Triangle *F K G*, egal &
equilatere au Triagle *A B C* dõné, Cõe nous voulions faire,

Departir par moitié vn Angle donné.

Soit l'Angle *A B C*, à departir
par moitié. Ie fay en la ligne *A B*, la
portion *B D*, egale à la portion *B E*, de
la ligne *B C*. Et sur les deux poins *D*,
& *E*, ie descri deux Cercles egaux l'vn
à l'autre, de tele estendue, qu'ils s'entrecoupent comme au point *F*. Duquel

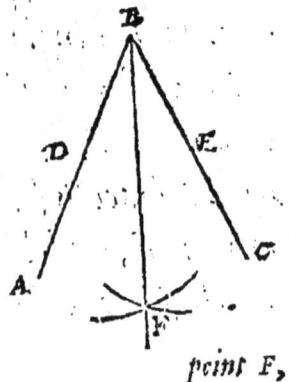

point *F*, ie tire la ligne *F B*. *Ce sera celle qui departira*
l'*Angle A B C donné*, en deux angles, *A B F*, *& C B F*,
egaux l'vn à l'autre, Comme il se deuoit faire.

VIII.

Departir vne Ligne droite en parties proposées.

Cecy se fait en plusieurs
sortes : mais tousiours par
le moyen des lignes paral-
leles. Premierement donq
soit la Ligne A B, à depar-
tir, par exemple, en cinq

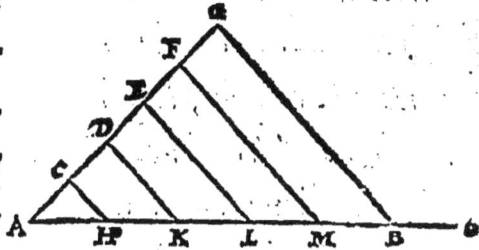

parties egales. *Ie continue vne ligne d'autant de parties*
egales, comme ie veux qu'il y en ait en la Ligne à departir,
qui sont cinq. Sçauoir est, ie fay vne portion A C, à plaisir :
puis en continuant, ie fay C D, portion egale à icelle A B : &
de mesme sorte ie fay D E, E F, F G, egales à la mesme
A C : lesquelles cinq portions facent vne ligne totale A G.
Adonq, ie conioins A G, auec A B, faisans vn angle à
plaisir B A C : & par mesme moyen ie tire B G, parfai-
sant le Triangle A B G. Finablement ie meine quatre li-
gnes paralleles F M, E L, D K, C H. Lesquelles diuise-
ront la ligne A B, donnee en cinq portions egales, A H,
H K, K L, L M, & M B, Comme nous auions proposé.

L'autre moyen de departir vne Ligne, est que vous ayez
vne suite de lignes equidistantes, lesqueles toutes partent
d'vne mesme ligne : Comme icy sont les treze lignes qui par-
tent equidistamment de la ligne A C. Et quant plus il y en
aura, tant plus ample vsage elles auront. Il est besoin que

teles lignes soit de iusté longueur, & qu'elles soint toutes
d'egale distance, si nous voulons departir nostre ligne en
parties egales: comme icy la ligne A C, est departie en douze
segmens : & de chacune des sections sont treize lignes
tirees.

Soit donq la ligne A B, à
departir, par exemple, en sept
parties. Ie conioin, le point A,
de la ligne A B, auec le point
A, de la ligne A C : de sorte
que l'extremité B, atteigne la
ligne, qui est l'huitiesme entre
les lignes paralleles. Ainsi
sera la ligne A B, diuisee en
sept parties egales, par les huit lignes paralleles qui la coupēt.

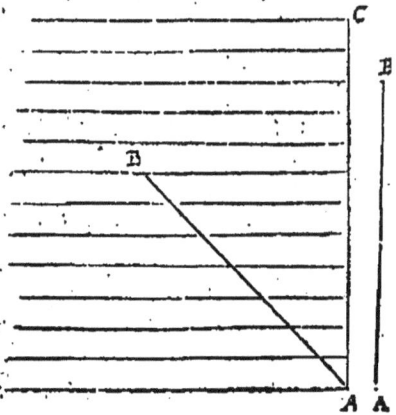

La tierce mode de depar-
tir la ligne droitte, differe de
la premiere en cela seulemēt,
qu'en ceste cy les lignes equidistantes sont menees hors le
Triangle. Comme, Soit la
ligne A B, à departir en sept
portiōs egales. De l'extremité A, i'esleue vne perpendiculaire
A C, diuisee en six parties egales, comme nous auons monstré peu deuant. Semblablement de l'autre extremité B, ie
meine à la partie contraire, vne perpendiculaire B D, egale
à la premiere perpendiculaire A C, & diuisee mesmement
en six parties egales. Puis de chasques poins des sections de

l'vne

l'vne, aux points des sections de l'autre. Ie trauerse six lignes droites. Lesquelles departiront la Ligne *A B*, en sept
parties egales. Et ici faut entendre, qu'il n'est besoin que
l'angle *B A C*, soit droit, ne consequemment l'angle *A B D*.
Seulement faut que l'angle *B A C*, & l'angle *A B D*, soint
egaux. Car toute l'importance est és lignes Paralleles.

I X.

Departir vn Triangle en Triangles proposez.

Soit le Triangle *A B C*, lequel se
doiue departir, par exemple, en trois
Triangles egaux. Ie diuise l'vn des
costez du Triangle, comme le costé
A C, en trois parties egales aux

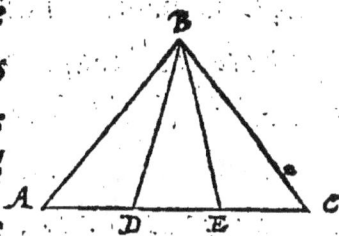

poins D, & E, par le Probleme precedent. Puis des deux
poins D, & E, ie tire les deux lignes droites *D B*, & *E B*,
à l'angle opposite, B. Et ainsi sera le Triangle donné *A
B C*, diuisé en trois Triangles *A B D*, *D B E*, &, *E B C*,
egaux ensemble, Comme il estoit proposé.

Que si le Triangle se doit departir en autres Triangles
proposez, il faudra diuiser le costé en telles & semblables
parties, par la doctrine du Probleme precedent, & des poins
des diuisions, faudra mener les Lignes à l'angle opposite.
Mais nous auons exemplifié sur l'equalité: affin que de
la facile operation d'icelle, les autres sortes de diuisions soyēt
entendues.

x.

D'vn point merqué en l'vn des costez du Triangle tirer vne ligne, qui departe le Triangle en deux
parties egales.

D ij

Soit le point *A*, merqué au costé *B C*, du Triangle *B C D* : & d'iceluy point *A*, se doiue mener vne ligne, qui departe le Triangle *B C D*, en deux parties egales. Ie diuise le costé *B C*, par moitié au point *E*. Puis du point *A*, à l'angle *D*, opposite ie meine la ligne *A D* : à laquele, par le point, *E*, ie meine la parallele, *E F*, selon le quatrieme Probleme : laquele coupera le costé *D C*, au point F. Et tire la ligne *A F*. Qui sera celle qui departira le Triangle *B C D*, en deux parties egales. C'est à sçauoir que le Quadrilatere, ou Trapeze *A B F D*, sera egal au Triangle *A C F*. Nous auons iadis demonstré ce Probleme sur la trenthuniesme Proposition du premier liure des Elemens d'Euclide.

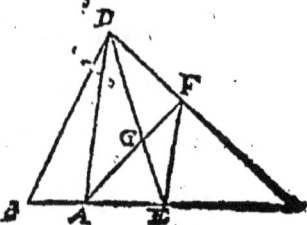

X I.

D'vne ligne droite donnee d'escrire vn Quarré.

Soit la ligne droite, *A B*, de laquele se doiue descrire vn Quarré. Sur l'extremité d'icelle, *A*, i'erige vne perpendiculaire *A C* : & semblablemēt sur l'autre extremité, *B*, vne autre perpendiculaire *B D*, egale à la premiere. En fin ie tire la ligne *C D*. Et sera *A B C D*, le Quarré de la ligne *A B*, donnee, Comme il se deuoit faire.

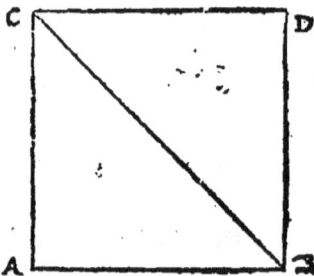

X I I.

Faire vn Quarré egal à deux Quarrez donnez.

Soient

Soyent deux Quar-
rez A B C D, & E F G
H. Ausquels se doiue fai-
re vn Quarré egal. Ie cō-
ioin les deux costez d'i-
ceux Quarrez en angle
droit : c'est assauoir de la
ligne K L, egale au costé
A B, & de la ligne G K,
egale au costé E F, ie fay
vn angle droit K G L : Et
parfay le Triangle Ortho-
gone G K L. Puis du costé
K L, i'en fay le Quarré
K L M N : lequel Quarré sera egal aux deux Quarrez
donnez, A B C D, & E F G K : Car il est demonstré par
la Proposition quarante septiesme du premier liure des Elemens d'Euclide, qu'es Triangles Orthogones, le Quarré du
costé soustendant l'angle droit, est egal aux Quarrez des
deux autres costez qui contienent iceluy angle droit. Qui est
le Theoreme demonstré par Pithagore, seruant à autres innumerables passages de Geometrie, dont nous monstrerons
quelques exemples cy apres.

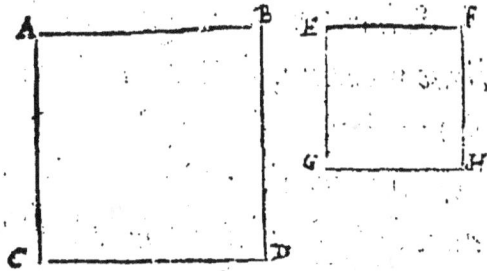

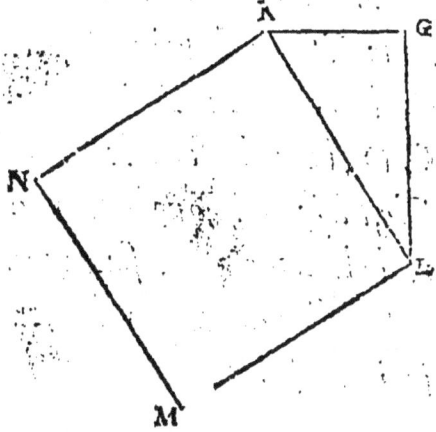

XLII.

Reduire vn Quarré à deux Quarrez moindres,
desquels y en a vn donné.

Soit entendu le _Quarré d'vne_
ligne maieure, A B: _et_ _le Quarré_
d'vne ligne moindre, B C. _l'ay à_
deſcrire vn tiers Quarré, lequel A
auec le Quarré de la ligne B C, ſoit egal au Quarré de la ligne A B. _Ayant des deux lignes_ A B, _et_ B C, _fait vne_
ligne A C: _ſur le point_ B, _ſelon l'eſpace_ A B, _ie deſcri le demi_
cercle A D E: _Puis du point_ C, _i'erige la perpendiculaire_
C D _, laquele ſera le coſté du Quarré que nous voulons._
C'eſt à ſçauoir, que le Quarré de la ligne C D, _et_ le Quarré de la ligne B C, ſont egaux au Quarré de la ligne B D,
c'eſt à dire au Quarré de la ligne A B, donnee, Comme il
ſe deuoit faire.

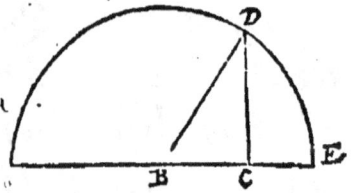

Autrement. _Soit le Quarré ma-_
ieur A B C D: _et_ _le moindre, ſoit_
E B F G. _l'enclo le moindre Quar-_
ré E B F G, _dedans le plus grand,_
A B C D, _comme il eſt icy en veue._
Puis ie prolonge le coſté E F , _tant_
qu'il coupe le coſté C D , _au point_ H.
Adonc ſur le point B, ſelon l'interualle B A, ie deſcri vne circonference A K, _laquele coupe la ligne_ E H , _au point_ K.
Donq la portion E K, ſera le coſté du Quarré que nous voulons: C'eſt à ſçauoir que le Quarré maieur A B C D, ſera
egal aux Quarrez des deux coſtez E B , _et_ E K. Ce qui
eſt manifeſte en tirant la ligne B K , qui acheue le Triangle
Orthogone E B K: _laquele eſtant egale au coſté du Quarré_
A B C D, par la loy du Centre _et_ de la Circonference, _et_

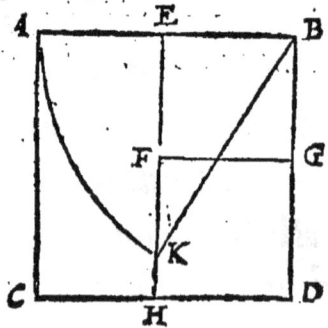

eſtans les deux *Quarreζ des lignes E B, & E K, egaux au*
Quarré d'icelle portion E K , comme enſeigne le precedent
Probleme : il faut qu'iceux meſmes Quarreζ des deux
B E, & K E, ſoint auſſi egaux au Quarré A B C D, Com-
me il ſe deuoit faire.

XIIII.

Deſcrire vn Quarré egal à vn Parallelogramme
Rectangle donné.

Soit le Parallelogramme Re-
ctangle A B C D, auquel ſe doiue
deſcrire vn Quarré egal. l'adiou-
ſte la largeur à la longueur, c'eſt
à ſçauoir, des deux lignes C D, &
D B, ie fay vne ligne C H, que D
H, ſoit egale à la largeur D B. Puis ie diuiſe la totale C H,
par moitié, au point F : Et ſur iceluy point F, ie deſcri le de-
micercle C G H, c'eſt à ſçauoir que G E, en ſoit le diametre.
Finablement ie continue la ligne B D, iuſques à la Circon-
ference au point G. Adonc la portion D G, ſera le coſté du
Quarré tel que nous voulõs. C'eſt à ſçauoir que le Quarré de
la ligne D G, ſera egal au Parallelográme A B C D, dõné.

XV.

Deſcrire ſur vne Ligne donnée, vn Parallelogramme egal à vn Quarré donné,

Soit le Quarré donné A B C D , auquel ſe doiue deſ-
crire vn Parallelogramme egal ſur vne ligne donnée. Don-
ques ou la ligne eſt plus grande , ou eſt moindre que le coſté
du Quarré donné. Si elle eſt plus grande, comme la ligne

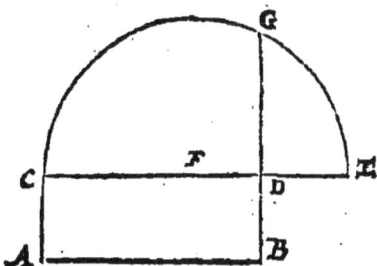

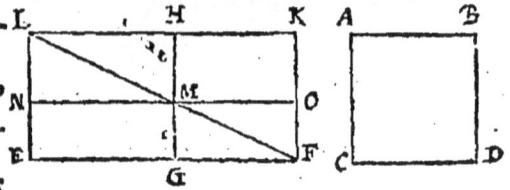

E F, ie prendray la portion F G, egale au cofté du Quarré:
Et fur icelle F G, ie defcri-
ray le Quarré F G H K,
lequel fera egal au Quar-
ré donné A B C D. Puis
i'allõge K H, iufqu'au point L. Et fai K L, egal à E F: ⁊ tire la ligne L E. Apres ie tire le Dimetiër, ou ligne diagonale
L F. Laquele entrecoupera le cofté G H, au point M. Puis
par le point M, ie meine la parallele N M O. Et fera le
parallelogramme E F N O, egal au Quarré F G H K: ⁊
confequemment au Quarré A B C D donné, Comme e-
ftoit propofé.

  Que fi la ligne donnée, fur laquelle fe doit defcrire vn
Parallelogramme egal au Quarré donné, eft moindre que
le cofté du Quarré, comme eft la ligne F O, adonq i'allonge
F O, & la fai egale au cofté, c'eft affauoir ie fai F K egal au
cofté A B: & parfai le Quarré F G H K, Puis ie meine la
parallele interminée O N: laquele coupera le cofté G H au
point M. Et par le point M, ie meine la diagonale interminée F M L. Puis i'allõge K H, tãt qu'elle coupe la diagonale
F M L, au point L. Duquel point L, ie tire la parallele interminée L E, & allonge F G, tãt qu'elle coupe L E, au point
E. Ainfi fera parfaiĉt le Parallelogramme E F N O, comme parauant, egal au Quarré F G H K, ⁊ confequemment
au Quarré A B C D donné, Comme il fe deuoit faire.

  Par mefme moyen fe pourroit defcrire vn Parallelogramme egal à quelconque Parallelogramme fur vne ligne
donné: voire à quelcõque Reĉtiligne, pourueu qu'il foit premierement reduit à Parallelogramme. Ce qui fera facile,
                                                      l'ayant

l'ayant par le moyen des Triangles, reduict à vn seul Parallelogramme, chose qui est plus longue à faire, qu'elle n'est
difficile. Car tous Polygones tant reguliers qu'irreguliers, se
departent en Triangles: & de là, les Triangles se transmuent
en Parallelogrammes, enfermant les Triangles entre lignes
equidistantes : car la moitié du Parallelogramme est egale
au Triangle: Brief, tout Triangle de quelque sorte qu'il soit,
est tousiours la moitié d'vn Parallelogramme, duquel l'vn
des costez du Triangle soit diagonal. Comme s'il faut reduire le Triangle A B C à Parallelogramme, ie tire la ligne C D, parallele à la ligne A B : semblablement A D,
parallele à la ligne B C.

Et lors sera le Paralle-
logramme A B C D (du-
quel le costé A C, est diagonal) double au Triangle

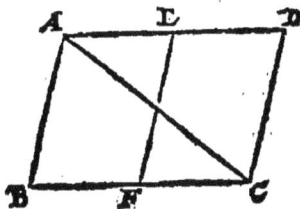

A B C. Donques si vous departez tout le Parallelogramme par moitié, tirant la ligne E F par le milieu d'vn des
costez, comme par le milieu du costé A D, vous aurez
A B E F, ou bien C D E F, egal au Triangle A B C.
Ce que les ouuriers pourront faire aisément & succinte-
ment, pour peu qu'ils ayent pratiqué la Geometrie.

XVI.

De deux Parallelogrammes inegaux donnez,
oster le moindre du plus grand.

Soint deux Parallelogrammes, A B C D, & B E F G,
inegaux: & le plus grãd soit A B C D: duquel i'ay à oster le
moindre B E F G: c'est à dire, ie veux sçauoir de combien A

E

B C D, eſt plus grand que B E F G: ie conioin les deux Pa
rallelográmes enſemble, de tele façon, que l'angle B, de l'ʋn,
ſoit côtrepoſé à l'angle B, de l'autre, & que les deux coſtez A B, & B
G, facent ʋne ſeule ligne A G: & ſemblablement les deux coſtez D
B, & B E, facent ʋne ſeule ligne
D E. Adonq i'alonge les deux au
tres coſtez C A, & F E, tant qu'ils
concourent au point H. i'alonge
encores F G, interminément au point K. Puis du point
H par le point B, i'alonge H B, interminément au point L.
Apres i'alonge F G, tant qu'elle concoure auec H L, au
point L. Puis ie meine la ligne equidiſtante L M: laquele
coupera C H, au point M, & D E, au point N. Ainſi
ſera le plus grand Parallelogramme, A B C D, departi en
deux moindres Parallelogrammes, A B M N, & C D
M N: deſquels A B M N, ſera egal au Parallelogramme B E F G, dónné: & C D M N, ſera le ſurplus en quoy
l'autre Parallelogramme dónné A B C D, excede le Parallelogramme B E F G, ainſi qu'il faloit faire.

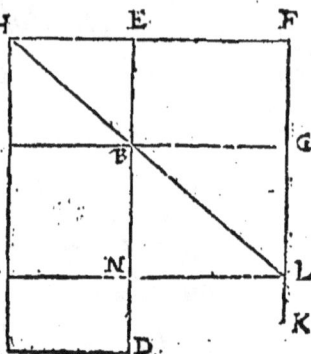

X V I I.

Trouuer l'aire d'vn Triangle donné, par le
moyen des Nombres.

C'eſt choſe toute notoire, que l'aire d'ʋn Parallelogramme Rectangle, ſe connoiſt en multipliant la longueur par
la largeur: Et auons enſeigné cy deuant que tout Triangle
eſt la moitié d'ʋn Parallelogramme. Donques ſi le Triangle

gle donné eſt Orthogone, ñ y a autre aſaire,
qu'à multiplier les deux coſtez qui contienent l'angle droit, l'vn par l'autre : la
moitié du produit, ſera l'aire du Triangle.
Comme au Triangle Orthogone A B C,
duquel l'angle B eſt droit, ſoit le coſté A
B, 4 : le coſté B C, 3 : ie multiplie 4 par 3, ce ſont 12 : deſquels la moitié, 6, eſt l'aire du Triangle. Partant, pour
auoir aiſément l'aire d'vn Triangle, il le faut premierement reduire à Orthogone, en ceſte ſorte. Soit le Triangle
Amblygone A B C, à reduire en Orthogone. Ie le poſe entre deux equidiſtantes A D, & B E. C'eſt à ſçauoir du
point A, ie tire la ligne interminee A D, qui ſoit parallele
au coſté B C. Lors i'alonge B C : & fay C E, egale au meſme B C. Et du point E, ie tire la perpendiculaire E F,
laquele coupera la parallele A D, au point F. Fina-
blemēt i'aſſemble F
C, pour parfaire le
Triangle Orthogone
C E F : Lequel ſe-
ra egal au Triangle
A B C, donné : veu que les deux ſont ſur deux baſes egales, B C, & C E, & entre deux Paralleles A D, & B
E. Et lors aiſément ſe prendra l'aire du Triangle C E F,
& par conſequent, du Triangle A B C, donné. Et touteſ-
fois il n'eſt neceſſaire d'alonger autrement le coſté A B, pour
faire le Triangle C E F : Car il ſuffira que du point C, ſe tire vne perpendiculaire : & là où elle coupera la parallele
A D, faudra mener vne ligne, qui parte de l'angle B : dont

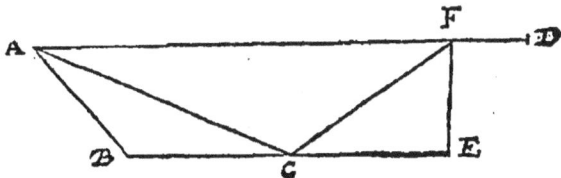

se fera vne Triangle Orthogone sur vne mesme base B C.
Lequel Triangle sera egal au Triangle A B C, dôné. Mais
nous auons voulu tracer le Triangle C E F: afin qu'il fust
euident, que si sur deux bases egales entre deux paralleles,
se font deux Triâgles egaux, par plus forte raison se feront
ils egaux sur vne mesme base. Semblablement se pourra
auoir l'aire d'vn Parallelogramme, pourueu quil soit reduit
en Rectangle. Icy ne se contentera le Geometrien, alleguant
qu'en tels Triangles non Orthogones, la perpédiculaire E F,
est inconnue: & partant ne se peut autrement auoir l'aire
du Triangle. Et auec bonne raison. Mais pourautant
qu'en ce Traité nous monstrôs la pratique de Geometrie, c'est
à dire les ouurages mechaniques parmi la Theorique, côme
nous auons promis dés le commencement, & que la valeur
de la perpendiculaire ne se rencontre sinon fort rarement en
nombres rationnaux: l'office du mesureur, sera de chercher
tele ligne perpendiculaire par artifice d'instrument, & la
rendre commmensurable aux costez du Triangle, au plus
pres qu'il pourra. Toutesfois pour satisfaire aux studieux,
il ne me greuera d'enseigner icy selon la doctrine de la Proposition treziesme du second liure des Elemens d'Euclide,
comme se prendra par nombres, celle ligne perpendiculaire.
Soit le Triangle Amblygone
A B C, duquel l'angle B, soit
obtus: & soit le costé A B, 5:
le costé B C, 7: & le costé
A C, opposite à l'angle obtus,
soit 10. J'aiouste les quarrez
des deux costez A C, & B C: c'est à sçauoir 100, & 49:

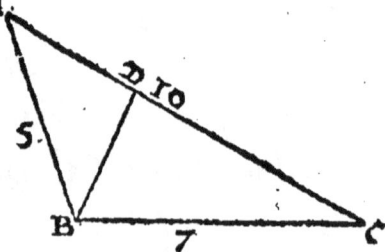

ce sont

ce ſont 149 : deſquels i'oſte le quarré du coſté A B, qui eſt 25 : reſte 124 (& ſi i'euſſe aiouſté les deux coſtez A C, & A B, c'eſt à dire 100 & 25, lors de 125, i'euſſe oſté 49) : & de 124 ie pren la moitié, c'eſt 62 : leſquels ie diuiſe touſiours par le nombre du plus grand coſté, c'eſt à ſçauoir du coſté ſur lequel doit tomber la perpēdiculaire, Donq ie diuiſe 63 par 10 : ce ſont $6\frac{1}{5}$. Et autant vaut le ſegment D C. Maintenant ie quarre $6\frac{1}{5}$: ce ſont $9\frac{61}{25}$, qui valent $38\frac{11}{25}$. Et par ce que le Quarré du coſté B C, qui eſt 49, eſt egal aux quarrez des deux D B, & D C, i'oſte le Quarré de D C, qui eſt $38\frac{11}{25}$, du Quarré B C, ſçauoir eſt de 49 : reſtent $10\frac{14}{25}$: dont la racine, qui eſt bien pres de $\frac{81}{25}$, c'eſt à dire $3\frac{6}{25}$, eſt la valeur de la perpendiculaire E F : car $10\frac{14}{25}$ n'ont point de iuſte racine quarree. Maintenant ſi par $3\frac{6}{25}$ vous multipliez 10, ce ſeront $\frac{81}{25}$, dont la moitié, $16\frac{1}{5}$, eſt l'aire du Triangle A B C, au plus pres. Car la vraye eſtimation eſt inconnue à l'artifice : & connue à ſeule nature.

Que ſi l'eſtimation d'vn Triangle ſe doit rendre à la preciſion, c'eſt à dire à nombres rationnaux : nous ferons vn Triangle, dont le plus petit des coſtez ſoit 3 : le moyen, 4 : & le plus grand, 5 : Alors le ſegment D C, ſera $3\frac{1}{5}$: la perpendiculaire B D, ſera $2\frac{2}{5}$: & l'aire ſera 6. Car en tele proportion de nombres, comme ſont 3, 4, 5, touſiours auienent nōbres rationnaux : ainſi que ſont 6, 8, 10 : & puis 9, 12, 15 : & ainſi des autres nombres : qui ſont en tele progreßion Arithmetique comme 3, 4, 5. Mais en ceſte diſpoſition de coſtez, il n'eſt beſoin de perpendiculaire : pource que le coſté 3, eſt touſiours perpendiculaire au coſté 4 : & tels Triangles ſont touſiours Orthogones. Donq en multipliant 4 par

3, prouienent 12 : dont la moitié ,6, est l'aire du Triangle.

Or maintenant pour auoir l'aire d'vn Triangle sans l'ayde de la perpendiculaire, faut faire ainsi, *Aioutez* les trois
costez, 5, 7, 10 : ce sont 22 : dont la moitié est 11. Les differences qui sont de chacun d'iceux costez à 11, ce sont 6, 4, 1.
Multipliez ces differences parensemble : c'est assauoir 6 par
4, ce sont 24 : puis 24 par 1 : demeurēt les mesmes 24. Maintenant faut multiplier le produit de ces differences par la
moitié des costez, sçauoir est par 11 : prouienent 264. Dont la
racine quarrée, laquele est bien peu plus grande que 16.
(car le quarré de 16, est 256) faict l'aire du Triangle.

Quand est de l'aire des figures irregulieres (car des regulieres nous en parlerons bien tost ci apres, nous les reduirons
premierement à Triāgles, comme nous auons dit : affin que de
l'estimation de chacune, nous puissions extraire la valeur de
toute la Figure.   La *Quadrangulaire* se depart en deux
Triangles : La *Cinqangulaire*, en trois. La *Sisangulaire*, en
quatre : La *Septangulaire*, en cinq : & ainsi par ordre, estant
tousiours le nombre des Triangles moindre de 2, que le nombre des costez de la Figure.

XVIII.

Faire vn Triangle de trois lignes, qui soint equiualentes à trois nombres donnez. Mais il faut que
chaques deux nombres pris ensemble, montent
plus que le tiers.

Soint trois nombres donnez, 4, 6, 8 : & soint trois lignes,
A, B, C, equiualentes à ces trois nombres : A, à 4 : B, à 6 : &
C, à 8 : desqueles lignes il se doiue faire v. Triangle : Et faut
que

que chaſques deux ligne's priſes enſemble, ſoint plus grandes
que la tierce: Autrement de ces trois lignes ne ſe pourroit faire Vn Triangle, comme demõſtre Euclide en la Propoſition
20 du premier liure des des Elemens.

D'Vne ligne intermi-
née, comme de D E, ie
reſcinde D F, qui ſoit
egale à la ligne A : &
F G, egale à la ligne C:
&, G H, egale à la li-
gne B.   Adonq ſur le
Centre F, ſelon l'eſpace

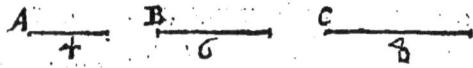

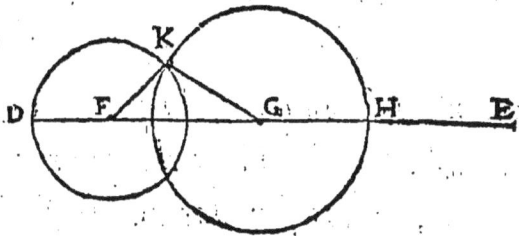

F D, ie deſcri Vn Cercle DKD: & encor ſur le centre G, ſelon
l'eſpace G H, ie deſcri Vn Cercle H K H. Et ſes deux Cercles neceſſairement ſ'entrecouperont: Car Vne ligne tirée du
cêtre G, au Cercle D K D, ne pourroit rencontrer l'autre ligne tirée du centre F, à la circonference H K H: Et ainſi les
deux lignes priſes enſemble, ſeroint ou egales à la ligne F G,
ou moindres qu'elle, qui ſeroit côtre noſtre hypotheſe. Soit dõq
l'Vne des interſections au point K. A icelle ie meine F K &
G K. & ſera le triangle F G K compoſé de trois lignes F K,
F G, & G K: deſqueles F K eſt 4, egale à la ligne A : F G,
8, egale à la ligne C: & G K, 6, egale à la ligne q. ainſi qu'il
faloit faire. Ce Probleme icy eſt propoſé generalement en lignes pures par Euclide, en la Vintedeuzieſme Propoſition du
premier liure: laquele nous auons icy declairée par nombres,
comme en maniere d'exemple, pour monſtrer que les nombres fraterniſent quaſi par tout auec les quantitez Geome-
triques: Déſqueles ils ſont comme les expoſans.

DV GNOMON.

I'appelle icy Gnomon plus specialement, vne figure ex-
traitte d'vn Quarré, sçauoir est, composee d'vn Quarré &
de deux Supplemens de mesme longueur & largeur: figure faitte à la forme de l'Equerre des artisans. Euclide de-
finit le Gnomon plus generalement au
commencement du second liure. Mais
nous n'auons eu ici besoin que du Gnomon Quarré: Par lequel se pourra entendre, queles sont les autres formes
d'iceluy. Vous en voyez icy l'exemple
par la Figure A F D G: laquele est composee du Quarré
A B C D, & des deux Supplemens, B D E F, & C D G
H. Laquele figure estant accomplie d'vn autre Quarré,
duquel icy la place est vuide, comme vous voyez estre F D
H: il se fera vn Quarré côposé de deux moindres Quarrez, & de deux Supplemens. Non sans propos se traitte
icy de l'Equerre: Car c'est vn instrument manuel, duquel
l'vsage eschet en tous lieux: Côme pour faire vn angle droit,
c'est à dire pour eriger vne ligne perpendiculaire sur vn point
donné: pour aplomber toutes lignes, & costez: pour faire
Quarrez & autres figures Rectangles: ainsi que peuuent
aisément entendre ceux qui ont tant soit peu de iugement en
la pratique de Geometrie.

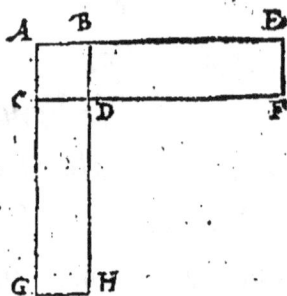

X I X.

D'vn Parallelogramme Rectâgle faire vn Gnomon. Mais il faut que la longueur du Parallelogramme soit pour le moins triple à la largeur.

Soit

Soit le Parallelo-
gramme Rectangle A
B C D, duquel il faille
faire vn Gnomon. En
la longueur, qui eſt en la
ligne A B, ie pren A E,
egale à la largeur A C. Et conioin E F : ainſi ſera A C
E F, Quarré. Apres ie depar le reſte du Parallelogramme, qui eſt E F B D, en deux moitiez, par la ligne G H,
& lors A C G H, ſera l'vn des coſtez du Gnomon.
Maintenant i'alonge C A, & F E, iuſques aux poins K,
& L : & fai A K, & L E, egales à G B, & H D. Finablement ie conioin K L. Et ſera parfait le Gnomon G C
E K, egal au Parallelogramme donné A B C D, Comme
il eſtoit propoſé.

X X.

Eſtans deux Quarrez inegaux donnez, adiouſter à chacun d'iceux vn Gnomon egal à l'autre.

Soint deux Quarrez inegaux, deſquels les coſtez ſoint A B, & B C. I'ay
à adiouſter au Quarré de la ligne A B,
vn Gnomõ egal au Quarré de la ligne B
C : & au contraire, au Quarré de la
ligne B C, adiouſter vn Gnomon egal
au Quarré de la ligne A B. Ie poſe les deux lignes A B,
& B C, en angle droit, comme eſt l'angle A B C, & parfay le Triangle Rectangle A B C, tirant la ligne A C. Lors
ayant deſcrit le Quarré A B D E, ie prolonge le coſté B A,

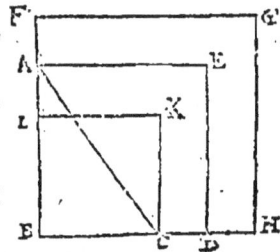

F

iufques au point F : *&* fai B F, egale au coſté ſouſtenduͤ
A C : Et deſcri le Quarré de la ligne B F : lequel ſera B F
G H. Adonq ſera le Gnomon F E C D, adioint au Quarré A B D E, *&* egal au Quarré de la ligne B C. Maintenant pour adiouſter vn Gnomon au Quarré de B C, qui
ſoit egal au Quarré A B D E, ne faut que deſcrire le Quarré d'icelle B C, lequel ſoit B C L K. Et ſera le Gnomon
F K G C, tel que nous le voulons. Expreſſement i'ay por-
trait les Gnomons ſans leurs moindres Quarrez, *&* encores plus, ſans diametres : affin que la multitude des lignes
n'obſcurciſt la figure. Par meſme voye ſe pourra facilement
faire vn Quarré egal à vn Gnomon donné. Ceci eſt de
grand vſage pour le dixieſme Liure d'Euclide.

DES POLYGONES.

Polygones, ſont Figures Rectilignes, qui ſont par deſſus le
Quarré. Comme le Pentagone, l'Hexagone, l'Heptagone,
& les autres par ordre.

Les Polygones Reguliers, ſont ceux dont les coſtez ſont
egaux : *&* les angles auſſi egaux. Comme ſont ceux qui
ſont inſcritz dedans le Cercle, ou qui luy ſont circõſcritz. Et
pouuons bien, à l'exemple des Grecs les nommer ſimple-
ment Polygones. Car ils appellent Pentagone, Hexagone,
Heptagone, les Figures ſeules qui ont les coſtez *&* les angles
egaux. Et les Figures qui ne ſe peuuent regulierement trai-
ter, ils les diſſimulent, *&* les tienent hors de rang. Mais
il n'y a pas grande importance, quant aux mots, pourueu
que nous ayons connoiſſancedt choſes.

Trouuer le Centre d'vn Polygone donné.

Combien qu'aux Figures Rectilignes proprement ne conuient ce mot de Centre : toutesfois par ce que les Polygones Reguliers s'inscriuent & circonscriuent aux Cercles, côme nous auons dit, & que le point du milieu du Cercle, est mesme le point du milieu des Polygones : nous l'auons indifferemment appellé Centre en tous les deux.

Soit donq le Polygone ABCDE,
Pentagone (car il n'y a force de quel ordre il soit) duquel il faille trouuer le Centre. Ie depar l'vn des costez, comme le costé AB, en deux moitiez au point F :
& encores l'vn des autres costez, comme AE, en deux moitiez, comme au point G. Et d'iceux poins F, G, ie tire les perpendiculaires FD, & BG : lesqueles s'entrecouperont au point H. Et sera le mesme point H, centre du Pentagone donné ABCDE, Comme il se deuoit faire.

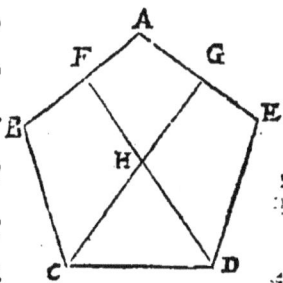

Es Polygones qui sont de costez pairs, comme en l'Hexagone, Octagone, Decagone, le Centre se trouue vn peu plus promptement qu'en ceux de costez nompairs. Car vne ligne droite tiree d'vn angle à l'autre angle opposite, departie par moitié, demontre le Centre au milieu. Comme en l'Hexagone ABCDEF, les deux lignes

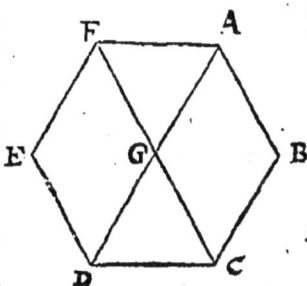

AD, & CE, s'entrecoupans par moitié au point G, de-
montrent le Centre au point de l'intersection, G. Toutesfois
la manière susdite de trouuer le Centre, est vniuerselle, tant
pour les Polygones de costez pairs, que de costez nompairs
Et est celle qui est la plus à propos pour trouuer l'aire des
Polygones, dont nous alons parler.

X X I I.

Trouuer l'Aire d'vn Polygone donné.

Soit le Polygone
donné, l'Hexagone A
B C D E F, duquel il
faille trouuer l'aire. Ie
trouue le Cêtre de l'He-
xagone, par le Probléme

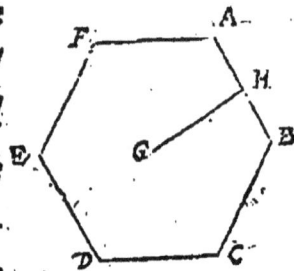

precedent : lequel soit le point G. Puis ie depar l'vn des costez d'iceluy, comme A B, en
deux moitiez, au point H : Et tire la ligne
G H. Adonq ie conioin les six costez d'i-
celuy Hexagone, & en fai vne seule ligne
K L : C'est à sçauoir ie fai K L, aussi longue,
comme monte tout le circuit de l'Hexagone.
Apres du point L, ie meine la perpendiculaire L M : laquele ie fay egale à la ligne G H :
& tire la ligne soustendue K M. Et sera le Triangle K L
M, Orthogone, egal à l'Hexagone proposé A B C D E F,
Comme il falloit faire. Il se pouuoit seulement prendre la
moitié du partour de l'Hexagone, & s'en faire vne ligne,
comme est la ligne L N : laquele menee en la ligne L M,

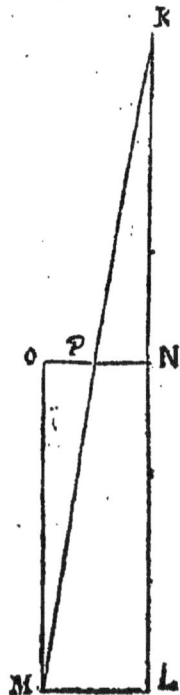

c'est à

c'est à dire en *G H*, face le Parallelogramme *L M N O*,
egal au mesme Hexagone *A B.C D E F*, donné.

Trouuer le Centre d'vne Circoference donnee.

Soit la Circonference donnee,
A B C, de laquele il faille trouuer
le Centre. Dedans icelle Circonference, ie tire deux lignes droittes *A*
B, & *B C*, lesqueles la couperont
comme és trois poins *A*, *B*, *C*. Et
depar chacune d'icelles par moitié,
és poins *D*, & *E*, par lesquels poins ie meine deux perpendiculaires *F D G*, & *H E K*, s'entrecoupans au point *L*.
Lequel point sera le Centre de la Circonference ou Arc, *A*
B C. Et sur iceluy mesme point se pourra parfaire toute la
Circonference du Cercle, s'elle n'est entiere. Car si le Cercle
est parfait, & il en faut auoir le Centre, on le pourra trouuer plus facilement. Car il ne faut que tirer l'vne des lignes *A B*, ou *B C*, laquele departant par moitié, & par
le point du milieu tirant vne perpendiculaire iusques à la
part opposite de la Circonference, comme est icy la ligne *M*
G, passant par le point *D*, milieu de la ligne *A B*, &
semblablement departant icelle *M G*, par moitié : se des-
couurira, le Centre du Cercle, comme ici est le point *L*. Mais
la premiere façon est vniuerselle : affin qu'il se connoisse que
trois poins ont tele force en la Circonference, comme ont deux
poins en la ligne droitte. C'est à sçauoir, que comme deux
poins ne se peuuent donner, par lesquels il ne se conduise vne

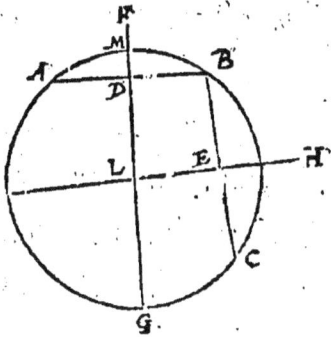

ligne droite, & feulement celle-la: ainfi trois poins ne fe peu-
uët affigner en nulle pofition, qu'il ne fe meine par iceux vne
ligne Circulaire, & non autre qu'elle.

La commune vfance des Arti-
fans eft vn peu plus compendieufe,
mais toutesfois tiree de cete cy. Deffus le point A, de la Circonference,
ils tirent vn Cercle obfcur, duquel
le Semidiametre foit plus eftendu
que la moitié de la Circonference,
ou Arc AB : Et fur le point B, ils meinent vn autre Cercle de mefme eftendue, & qui coupe le premier en deux
poins (ainfi que toufiours font les Cercles f'entrecoupás) comme en D, & en E. Semblablement fur deux autres poins,
ils tirent deux Cercles d'egale eftendue, f'entrecoupans en
deux autres poins, comme ici en F, & en G. Adonq par
les interfections ils tirent deux lignes droittes, comme ici font
D E, & F G, paffans aux parties oppofites de la Circonference. Lefqueles f'entrecouperont comme au point H. Et
fera le point H, le Centre du Cercle, paffant par les trois
poins A, B, C, donnez.

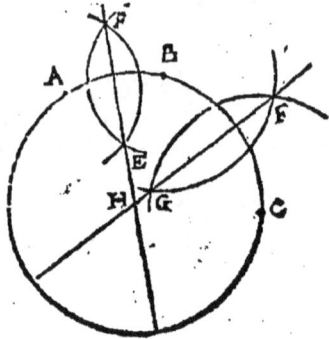

XXIIII.

Trouuer l'aire d'vn Cercle donné, felon la tradition d'Archimede.

C'eft vne mefme façon de mefurer l'aire du Cercle, comme de mefurer l'aire du Polygone par nous cy deuant mon-
tree. Car quand nous auons pofé vne ligne droite eftre egale
à la

à la Circonference, si nous la conioignons à angle droit auec
le demidiametre du Cercle, en parfaisant vn Triangle Orthogone : iceluy Triangle sera egal au Cercle. Tele ligne
n'a iamais esté trouuee : encores qu'elle soit trouuable,
comme nous auons monstré en nostre Commentaire de la di-
mension du Cercle. Archimede Syracusien iadis s'employa
diligemment à trouuer l'equiualence de la ligne oblique à la
ligne droite : laquele il ne sceut trouuer sinon au peu pres, &
ce par le moyen des Nombres. Duquel l'inuention a esté
suyuie par tous ceux qui ont esté depuis luy, dont nous en
monstrerons icy le sommaire.

Faisons qu'vne ligne
droitte, comme est A B,
soit egale à la Circonfe-
rence du Cercle C D E,
duquel le demidiametre
est F D : Et soit icelle A
B, colloquee à angle droit
auec la ligne B G : laquele B G, soit egale au de-
midiametre F D. Et me-
nant la ligne A B, soit fait le Triangle Orthogone A B G : qui sera egal au Cercle C
D E. Lequel nous pourrons reduire à vn
Parallelogramme Rectangle : & puis iceluy Parallelogramme à vn Quarré, par les
precedens Problemes : combien que le Cercle se reduise tout par vn moyen à Quar-
ré, comme maintenant nous enseignerons. Et combien que

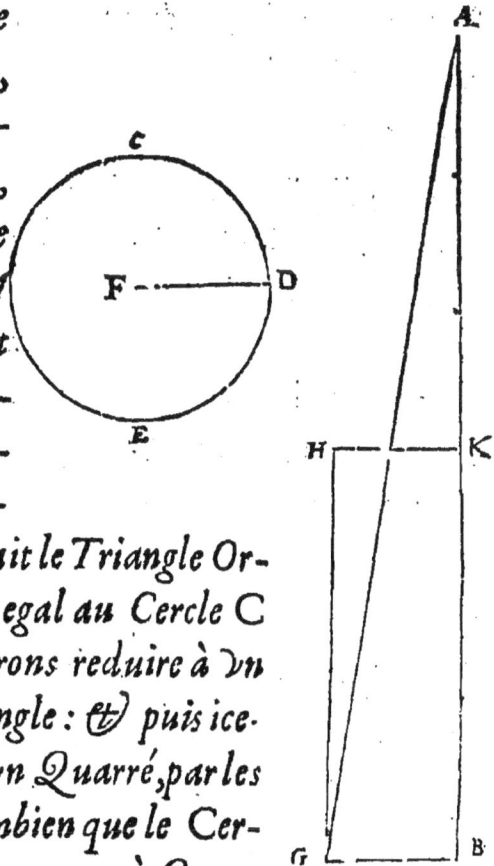

pour le preſent nous ayons entrepris d'enſeigner la pratique
de Geometrie, plus que les raiſons d'icelle, outre ce que nous
les auons amplemẽt deduites en noſtre Traité de la Dimenſion du Cercle: toutesfois ie prendray voulontiers la peine,
pour gratifier aux noueaux Geometriens, d'enſeigner en
paſſant la tradition d'Archimede, qui eſt tele, Si nous diui-
ſons le Diametre du Cercle en ſept parties egales, la Circonference d'iceluy ſera bien peu moindre, que ne ſont vint &
deux, au regard de ſept Mais ſi nous le departõs en ſeptãte
& vne parties egales, icelle Circonference ſera bien peu plus
grande, que ne ſont deux cens vint & trois, au regard de ſeptante & vn. Et par ce que la raiſon de 7 à 22, qui eſt ſoutriple ſeſquiſeptieſme (c'eſt a dire que 7. ſont compris en 22,
trois fois auec la ſeptieſme partie de 7) eſt plus prompte à cõprendre, que n'eſt celle de 71 à 223, c'eſt à ſçauoir ſoutriple
ſurdecupartiente ſeptante & vnieſmes (c'eſt à dire que 71
ſont cõpris en 223 trois fois, auec $\frac{10}{71}$: nous auons retenu la premiere façon comme la plus traittable. Donq, quand vous
aurez departi le demidiametre en 7 parties egales, lors vous
multiplirez 11 par 7: c'eſt à ſçauoir la moitié du Diametre,
par la moitié de la Circonference: prouienent 77, l'aire du
Cercle. De cecy ſe formera le Probleme ſuyuant.

XXV.

Deſcrire vn Quarré egal à vn Cercle donné.

Affin que cecy ſe face plus promptement, diuiſez le Diametre en 14 parties egales: puis de l'vnzieme d'icelles, cleuez
vne perpendiculaire, qui coupe la Circonference: & du point
de la ſection ; menez vne ligne à l'autre extremité, ſçauoir
                                                        eſt à

est à l'extremité de la plus
grãde portion du Diametre.
Icelle sera le costé du Quarré egal au Cercle. Comme au
Cercle A B C D, soit le Diametre A C, departi en 14
parties egales, & soit l'onzieme section au point E.
De cestui point E, releue
la perpédiculaire E B. Puis ie meine la ligne B C : laquele
sera le costé du Quarré egal au Cercle A B C D, selon la
doctrine d'Archimede, Ainsi que nous auons proposé.

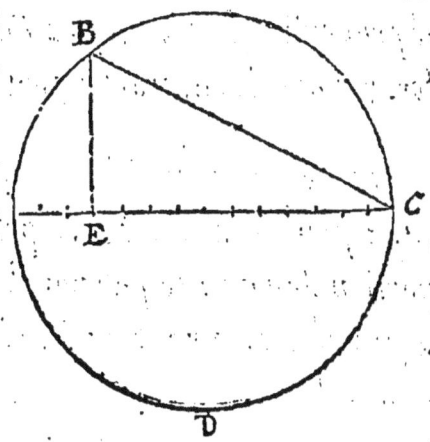

XXVI.

Faire vn Cercle double à vn Cercle donné.

Soit le Cercle A B C D, dont le Diametre est A C, auquel se doiue faire vn
Cercle double. Ie pren deux Diametres
d'iceluy, sçauoir est A C, susdit, & C
E, à luy egal, & les posé à angle droit,
qui est A C E. Puis ie tire la soustédue
A E, laquele sera le Diametre du Cerclé
double au Cercle A B C D, donné : c'est
à sçauoir du Cercle A C E, duquel le Centre est D, milieu
de la ligne A E. Que s'il faut descrire vn Cercle triple, il
conuient prendre trois Quarrez du Diametre du Cercle : lesquels si vous reduisez à vn seul Quarré, par le quatorzieme
Probleme (c'est à sçauoir en les metant tous trois en ordón-
nance de Parallelogramme oblong) le Diametre du Quar-

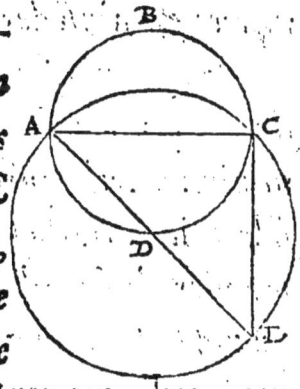

ré prouenāt, sera le mesme Diametre du Cercle triple. Ainsi
ferez vous des autres proportions.

De cela se connoist, que s'il
faut faire vn Cercle en proportion denommee par nombre
Quarré, comme quadruple,
noncuple, sedecuple, vintquin-
tuple, il faudra d'autant au-
gmenter le Diametre du Cercle, quante sera la racine du
nombre qui denomme la pró-
portion. Comme s'il le faut faire Quadruple, par ce que la
racine de 4, est 2: il conuiendra doubler le Diametre, si noncuple, par ce que la racine de 9, est 3, il faudra tripler le Diametre: & ainsi des autres. Tels sont les Cercles que vous
voyez icy circonscrits les vns dedans les autres, & equidi-
stans ensemble d'autant d'espace, qu'est le demidiametre du
minime Cercle, qui est enclos dedans tous les autres. Comme
si le Diametre du second Cercle est double au Diametre du
premier: le second Cercle sera quadruple au premier: Et
quand le Diametre du troisieme Cercle sera triple, le troisieme Cercle sera noncuple au premier: le quart sedecuple: Et
ainsi en gardant la progression tele que nous auons ditte.

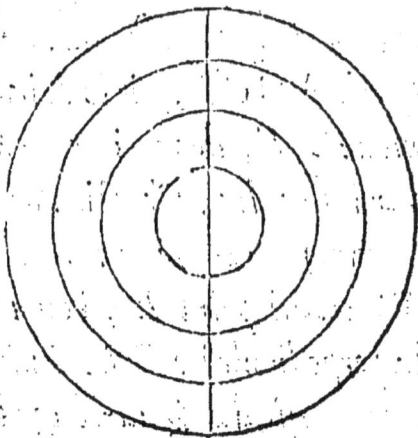

Encores se peuuent les Cercles inscrire les vns dedans
les autres, en sorte qu'ils se contouchent tous en vn point:
Comme font les quatre Cercles icy ascrits. Et se peuuent
encores agenser en autres sortes non seulement les Cercles,

                                                          mais

mais aussi les Quarrez, Pen-
tagones, Hexagones, & tous
autres Polygones : desquels selon
qu'ils sont diuersement ordonnez
& entrelassez, se peuuent tirer infinies speculations : lesqueles n'est
icy le lieu de raconter.

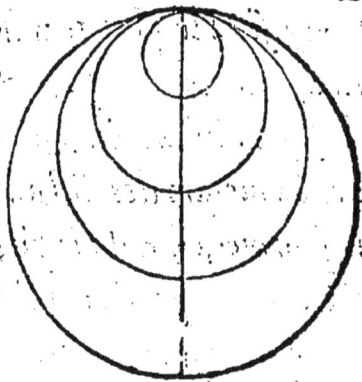

XXVII.

Mesurer les distances & hauteurs, par vne seule station.

Pour entendre plus clairement l'intention de ce Probleme, faut sçauoir que le Triagle est comme regle & addresse de toutes dimensions : d'autant que c'est le plus simple de
tous les Rectilignes. Et pource, est il le plus conuenable pour
mesurer toutes sortes de grandeurs. Et d'iceluy est tiree la
composition de tous Instrumens inuentez pour mesurer: ainsi
que nous declarerons icy par vn Instrument de nostre façon:
Ensemble montrerons la maniere de prendre la mesure des
distances & hauteurs sur vne seule station : mesme par
l'Astrolabe, par le Quarré Geometrique, & par le Ray
Astronomique : chose bien que facile, toutesfois par cy deuant encores non auisee. Donq la composition de cetuy nostre Instrument sera tele, D'vne matiere ferme & solide (&
icy suffira vne etoffe de bon bois dur & assaisonné) se polira
vn baston, de la longueur, comme icy nostre commodité eschet, de quatre piez : & d'espaisseur en quarré, enuiron d'vn
doy : par ce que tele grosseur pourra suffire tant pour le ma-
niement de l'Instrument, que pour la duree d'iceluy. Et ce-

tuycy ſera le plus grand coſté du Triangle. Lequel ſe pourra,appeler le Plant : par ce que des trois coſtez du Triangle
il eſt ſeul immobile, & platé en terre à angle droit, pour prē-
dre la meſure des diſtances,tel que le voyez icy deſcrit:dont
le ſommet,eſt A : le pié,eſt B. Et ſera iceluy Plant,depar-
ti en douze parties egales,à la façon des Inſtrumens à meſurer. Leſqueles parties ſeront mieux à point merquees au
coſté ſeneſtre. Et encores chaque douzieme,pour le mieux,
ſera ſouzdiuiſee en autres particules,ſçauoir eſt en quatrie-
mes, & meſme,ſi bon vous ſemble,en huitiemes. Au ſommet, A , y aura vne fente de largeur & parfondeur conuenable pour receuoir iuſtemēt l'extremité d'vn autre baſton,
qui ſera le ſecond coſté du Triangle, le-
quel nous expoſerons tantoſt. Et ſera
bon que celuy ſommet du Plant ſoit de
forme ronde,non toutesfois entierement
circulaire, mais en forme de moulette.
à la conuexité duquel ſera accommodé
le ſecond baſton ou coſté , eſtant rele-
ment caué en l'extremité d'enhaut (laquele auſſi eſt ici merquee par A)qu'il
ſe puiſſe enchaſſer dedans le ſommet du
Plant,& ſe contourner iuſtemēt alen-
tour du rond ou conuexité d'iceluy. Enuiron le meſme point A, du Plant,ſera
vn pertuis,qui tiendra place de Centre,
par lequel trauerſera vne petite cheuille
à viz,entrant par le coſté ſeneſtre , & conioignant enſemble les deux baſtons ſuſdits:en ſorte pourtant,qu'elle ne paſ-
ſe point

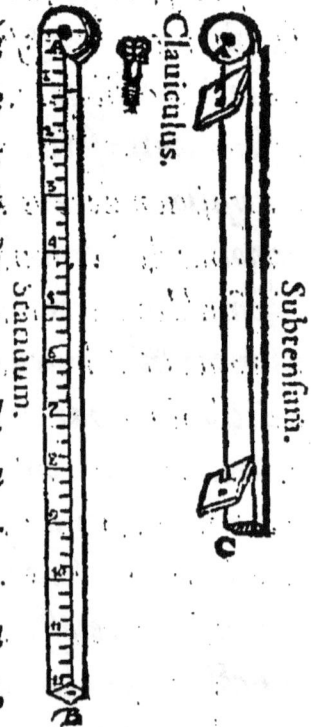

se point outre par dehors la
partie destre: mais soit vnime-
ment superficielle auec le costé destre du Plant: affin
qu'elle n'empesche la mire
& guignemêt de l'œil, laquele mire se prendra du point
A. Car en iceluy point A,
se fera vn angle agu du
Triangle futur: Duquel le
second costé sera celuy A
C, que nous venons de dire.
Et sera le sommet d'iceluy,
telement amenuisé, qu'il se

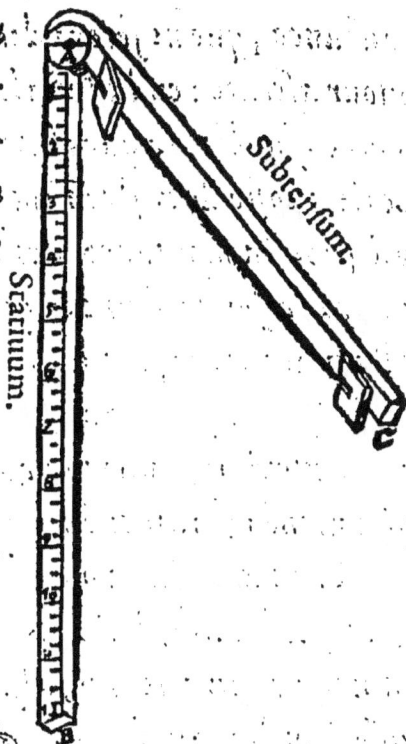

puisse iustement enchasser comme dit est, dedans la fente du
Plant: & ce qui sera d'eminent des deux costez de l'ame-
nuisement, sera concaue à l'egal rapport de la conuexité du
Plant: affin que librement il puisse estre leué & baissé selon
le besoin. Et parce qu'il est comme hypotenuse du Triangle
Orthogone, tel qu'est nostre present Triangle, nous l'appellerôs
le costé Soustendu. En la partie d'estre d'iceluy, seront
deux tablettes ou pinules, lesqueles estans persees selon la
dressiere de la ligne A C, puissent conduire la visiere de l'œil
droit au but de la distance, non autrement qu'en la ligne de
l'Astrolabe, qu'on appelle Fiducialle ou Alidade. Mais
ce costé icy n'aura point de merques: d'autant qu'il ne tom-
be point en proportion auec les autres costez: mais seulement
addresse la mire de l'œil, comme nous auons dit. Et possible
qu'vne seule tablette sera plus commode pour guigner le but

de la distance, que ne seront deux. Vous en auez la figure
icy autour ascritte : en laquele les deux costez A B, & A C,
sont ioins ensemble, faisans l'angle B A C, agu.

Le tiers costé de nostre Triangle, sera D E : la longueur
duquel selon la montance des deux costez sus-
dicts, sera raisonnablement de deux piez.   Et
aura l'vn des bouts plus gros que l'autre : lequel
bout doit estre persé en quarré bien poliment, pour
pouuoir contenir iustement la quarrure du Plant,
& estre mené & ramené librement au long d'i-
celuy : Comme vous voyez le bout marqué D,
plus gros que l'autre, E. Mais de ce bout en la, il
sera amenuisé ou attenuy, affin que plus commodement il

Curſor.

se puisse ioindre auec le
Souztendu, & faire an-
gle auecques luy : & ce
vers la part seneftre,
pour n'empescher point
la visiere de l'œil, qui se
prend à la dextre, com-
me nous auons dict. A
ce costé icy, se pourra proprement donner nom de
Curseur, c'est à dire cou-
rant : par ce qu'il est mené & ramené au long
du Plant, comme dit est.
Et sera distribué en par-
ties teles, que nous auõs mises les douziemes parties du Plãt.
Et se

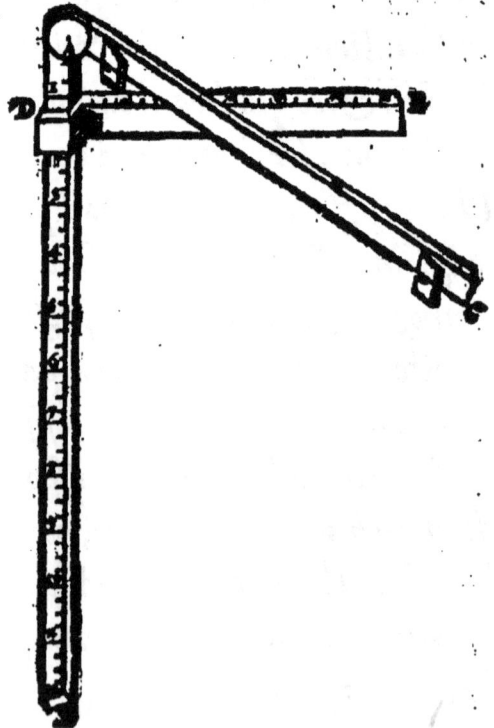

Et se pourra vers le point D, aisément attacher vn filet duquel pendra vn plom, pour seruir de niueau tout le long du
Plant: affin qu'il se connoisse iustement esleué de terre à angle droit. Car cöme le Plant est perpédiculaire sur l'Orizon,
pour comprendre les distäces: ainsi le Curseur doit estre equidistant au mesme Orizon. Icy est la representation des trois
costez, ioins ensemble, & accomplissans nostre Instrument
Triangulaire. Maintenant nous viendrons à l'vsage

Soit la distance F G, sur vn parterre ou plain, de laquelle il faille sçauoir la longueur. Ie pose le Plant perpendi-
culairemët sur le point F, par l'ayde du plom, & ameine le
Curseur sur vn des segmës douziemes: & bië à point se pour
ra arrester sur la fin de la premiere partie douzieme, pres le
point A: sinon que d'auenture le but à mesurer fust bien loin
distant: car lors le meilleur seroit d'arrester le Curseur encores plus pres du point A. Maintenant ie baisse & hausse
le Soustendu, tant que par les fentes ou pertuis des tablettes,
c'est asauoir au long de la ligne A C, ie vien auiser le but G.
Adonq retenant fermement le Soustendu & le Curseur au
point qu'ils sont, faisans vn Triangle Orthogone qui soit
exemple, A D H : ie pren garde combien de parties du Curseur sont trächées par la ligne A C du Soustendu. Et ie voy
qu'il y a deux douziemes depuis l'ägle D, iusques à l'ägle H:
lesqueles deux douziemes font la sizieme partie du Plant.
Et lors ie connoy que la distance F G, est double à tout le
Plant tout ainsi que D H est double à A D. Car cela est general, qu'en quelconque partie du Plant soit arresté le Curseur, il y a de la distance à mesurer (laquele icy est F G) tele
proportion à tout le Plant, qu'il y a des parties du Curseur

abſciſes ou tranchees par la ligne *A C*, aux parties du Plant, interçues depuis le point A, iuſques
à l'angle droit D. Comme ſi le Curſeur eſtoit en-
trecoupé ſur la fin de trois douziemes, au point K:
la diſtance F G auſſi ſeroit triple au Plant total: Et ainſi dès autres ſections. Que ſi l'interſe-
ction du Souſtendu & du Curſeur eſt en particules, ainſi qu'il auient quaſi touſiours, comme par
exemple, ſi elle eſt ſur le point de $3\frac{3}{4}$, c'eſt à dire de
trois douziemes & trois quartes d'vne douzieme:
lors la diſtance F G, ſera triple ſurpartiente quartes, $3\frac{3}{4}$, au Plant total *A* B: c'eſt à dire que la
diſtance ſera trois fois auſſi longue comme tout le
Plant, & trois quars d'auantage. Car ceſte con-
ſideration conſiſte toute en celle Regle de quatre
quantitez,
que vulgai-
rement on
appelle la
Regle de
trois. C'eſt à
ſçauoir, v-
ne partie
douzieme
du Plat dō-
ne deux par-
ties du Cur-

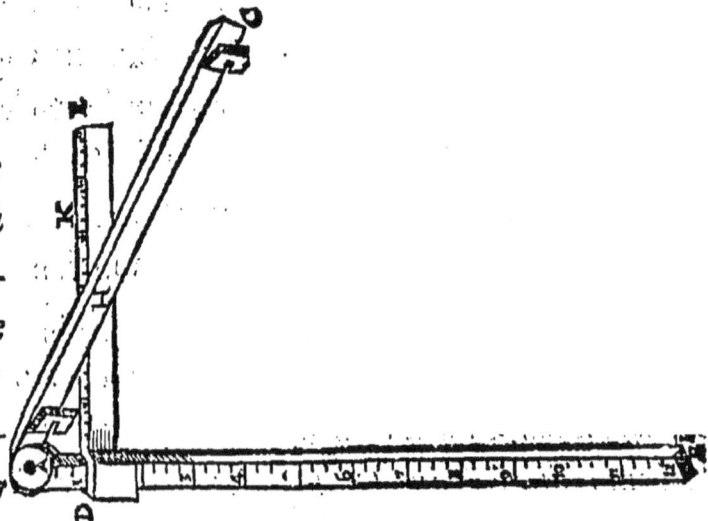

ſeur, cōbien donnera tout le Statif? il eſt certain qu'il donnera deux. C'eſt à ſçauoir, que ſi *A* D, qui eſt ½ partie du
Plant

Plant donné *D H*, du *Curfeur*, qui font ¼ : par mefme raifon le *Plant* total *A B*, donnera deux fois fa longueur : c'eft
à fçauoir qu'il donnera *F G*, qui fera double à *A B*, comme *D H*, eft double à *A D*. Et cecy en ces termes & me-
fures de ce *Triangle*, eft fi clair, que les hommes mefmes
vulgaires peuuent cõprendre la raifon qui eft entre les nombres que nous auons icy propofez. Et faut noter que la raifon de mefurer toutes diftances & hauteurs, par vne feule
ftation, confifte au cofté fiché en terre, comme eft icy noftre
Statif : & la faute que les anciens n'ont donné à l'*Aftrola-*
be tel effet, & au *Quadrant Geometrique*, & au *Ray*
Aftronomique, à efté, qu'ils ne fe font auifez de donner le
moyen que depuis l'œil il y euft vn niueau qui pẽdit iufques
en terre. Et pourtant auons nous voulu premierement con-
ftruire noftre *Inftrument* de tele grandeur, que le *Statif* fuft
ainfi planté : affin que promtement on peuft connoiftre en
quele facilité confifte noftre inuention. Maintenant nous
monftrerons comme en faifant cet *Inftrument* de moindre
forme, il retiendra roufiours fon vfage. C'eft à fçauoir faifant le *Statif* comme de deux piez : le *Souftendu* d'vn pié
& demi, & le *Curfeur* d'vn pié : voire tous trois encores
moindres, fi on veut : puis departant le *Statif* & le *Curfeur*
en teles parties quãtiemes que nous auõs dit, c'eft à fçauoir, en
douziemes, & les foufdiuifant en quartes & en huitiemes
pour plus iufte precifion. Lors à caufe de la petiteffe de l'*In-*
ftrument, il nous faudra auoir preft vn bafton affez long
pour noftre befoin : lequel nous planterons en terre, droit &
au niueau : & fur iceluy ficherons le *Statif* de noftre *In-*
ftrument moindre : & comme fi des deux ne fuft qu'vn *Sta-*

iif, nous ferons tout ainſi que nous auons dit du plus grand
Inſtrument. Sçauoir eſt, nous auiſerons par les pertuis des
Tablettes, l'extremité de la diſtance : Car la proportion ſe
trouuera touſiours tele que nous auons dit cy deuant. Voyla
le ſecond moyen vn peu plus ſubtil : Car quant au premier,
nous ne l'auions ſinon comme esbauché, & groſſement de-
duit, affin que par ordre nous fiſſions plus claire ouuerture,
& facilité. Ce qui ſenſuit eſt encores plus commode &
eſt general pour tous Inſtrumens à meſurer. C'eſt qu'en
cetuy dernier Triangle ainſi appetiſſé comme nous auons
enſeigné, ne faudra que tenir vn plom qui pende à vne fiſ-
ſelle iuſqu'en terre tout le long du Statif : lequel plom ſeruira
de niueau, & enſemble ſera vn coſté du Triangle, dont les
deux autres coſtez, ſont la ligne viſuelle, & la ligne qui
eſt de noſtre pié iuſques au but de la diſtance à meſurer : laquele ligne fait vn angle auec la ligne viſuelle. Partant
ces trois coſtez de Triangle plus grand, reſpondront en proportion aux coſtez du moindre Triágle, qui eſt icy A D H,
Ce meſme filet que nous diſons, fera tout pareil effet en la
face poſterieure de l'Aſtrolabe, tombant du Centre de l'Inſtrument iuſqu'en terre : & autant au Quarré Geometrique, le laiſſant pendre du Centre de l'œil tout le long du coſté du Quarré. Quant au Ray Aſtronomique, la raiſon
en eſt preſque toute vne comme de cetuy noſtre Inſtrument :
fors que le Ray Aſtronomique n'a point de coſté Souſtendu.
Et pource faudra coduire l'œil depuis le ſommet du Ray, par
la pointe du Curſeur d'iceluy, affin de creer la ligne viſuelle,
& donner forme au Triangle, comme il ſe fait en toutes eſ-
preuues de dimenſions.

Or ſil

Or s'il auient que la distance soit exceßiuement grande,
l'vnique remede est de se mettre en lieu haut, affin de laisser
pendre vne plus grande portion de niueau, & qu'il y puisse
auoir proportion entre les Triangles. Quelqu'vn dira, s'il n'y
a lieu ou ie puisse monter, qu'est il de faire? C'est bien grand
merueille, dirai-ie, s'il n'y a ne mur, ny arbre, ne roche, ne ter-
tre : & brief, s'il n'y a moyen de faire quelque amas de terre ou de pierres, pour nous mectre à nostre cômodité. Mais
ce n'est pas au Geometrien de faire toutes ces choses bonnes.
Nous auons bien assez fait en cet endroict, d'auoir ouuert
la voye de mesurer, laquelle cy deuant estoit inusitée, princi-
palement pour les dimensions, esqueles la grande distance
n'est pas celle qui fait la peine, mais en celle ou la neceßité
apporte danger, & là ou il n'y a ne loisir ny espace d'vser de
deux stations, par cy deuant enseignées par les composeurs
d'Instrumens, Comme il auient en recognoissant vne place
qu'on veut aßieger : à poser vn camp : à assoir vne artillerie,
& autres tels affaires d'vrgente execution. Car és autres
endroicts, il n'y a point de danger ny d'interest à mesurer à
deux fois ce qui ne se peut commodement mesurer à vne. Et
tout cela gist au bon entendement & auis du mesureur.

Il reste maintenant à expliquer les dimensions des hauteurs. Laquele pratique sera aisee par la connoissance de la
distance cy dessus apprise : Ce qui se fera en ceste sorte.

Il faut tenir l'Instrument en la main d'vne maniere contraire à celle qui s'est obseruée en la prise des distances. Car
le costé Statif doit estre equidistant à l'Orizon : & le Curseur erigé sur le mesme Orizon perpendiculairemét. Le tout
est de faire pendre le plom à son point, c'est assauoir le long du

Cur eur, en lieu qu'en l'obſeruation des diſtances il pendoit
le long du Statif: ou bien il faut appuyer iceluy Curſeur ſur
quelque baſton droiɛt ɛɧ fiché au niueau en terre comme
nous auons dict des diſtances. Adonq par les pertuis des
tablettes on regarde le ſommet de la tour, du mur, ou de quel
conque choſe eleuée. Puis tenant en ce point le Souſtendu
ferme, on approche le Curſeur, tant qu'il ſe face vn Triangle
Orthogone, comme parauāt: duquel Triangle la baſe ſera le
Statif, le Curſeur ſera le Cathet: Et le Souſtendu eſt rouſ-
iours le coſté expoſé à l'angle droit: ainſi meſme que le nom
de Souſtendu ſignifie. Et ſe pourra le Curſeur arreſter ſur la
fin de la premiere douzieme du Statif: affin que nous ayons
plus euidēte proportiō entre les coſtez. Seulemēt faut biē aui-
ſer quantieme portion du Curſeur eſt abſciſe par la ligne du
coſté Souſtendu: Car quele eſt la proportion de la baſe à la
partie du Curſeur abſciſe, tele ſera elle de la diſtance ia connue à la hauteur que nous cherchons. Exemple, Feignons
qu'en la Figure cy deſſus montrée la hauteur à meſurer ſoit
F G, ɛɧ que l'Inſtrument ſoit tourné comme vous voyez le
point B, du Statif, eſtre au point F. Adonq faut mouuoir le
Souſtendu haut ɛ bas, iuſques à tant que par les pertuis
des tablettes le rayon de l'œil ſe rende droit au ſommet G: e-
ſtant le Curſeur, par exemple, arreſté ſur le point H, c'eſtaſ-
ſauoir, ſur la fin de la premiere douzieme du Statif. Là où
pourautant que la portion du Curſeur, abſciſe par la ligne
A C, eſt double à la portion du Statif, abſciſe par le Curſeur:
auſſi ſera la hauteur F G, double à l'interualle A B connu.
Si toutesfois l'œil eſt haut, il faudra aiouter la hauteur d'i-
celuy à la hauteur de la choſe eleuée, ainſi qu'il ſe faiɛt en

toutes.

toutes sortes de dimensions. Autant en faudra il obseruer
au Ray Astronomique. Quant au Quarré Geometrique,
pourueu qu'il soit de tous costez bien comparti, il n'y aura
non plus de difficulté. L'Astrolabe sera de tous le plus com-
modé : par ce qu'il y a deux Quarrez, faisans l'Eschele
qu'on appelle vulgairement Altimetre. Qui plus est, apres
la distance connue, il n'est pas autrement besoin d'Instrument. Car si vous erigez au niueau vn baston, ou paisseau,
ou semblable chose, & du point infime de vostre pié vous
regardez la chose haute, de tele addresse, que la ligne vi-
suelle passe par la pointe du baston, & se rende droit au sommet de la hauteur, & que la distance de l'œil & du pié du
bastõ erigé soit, par exemple, double à la hauteur du baston:
vous connoistrez certainement que la distance de vostre pié
& du pié de la chose haute à mesurer (laquele desia vous est
connue) est double à icelle hauteur. Ce que nous auons long
tems a, enseigné sur la fin de nostre Arithmetique.

Voyla le moyen d'esprouuer les distances & hauteurs,
par vne seule statiõ: lequel est si facile, que l'on se doit emer-
ueiller comme il a esté si longuement ignoré. Tellement que
cela que i'en ay de moymesme compris : à peine ie l'ose dire
mien, tant s'en faut que de cete inuention i'en vueille pre-
tendre honneur. Seulement se faut euertuer à plus grandes
recherches : & rapporter tout à la gloire de celuy auteur de
toutes choses : considerant que toutes inuentions sont par luy
reseruees à leur lieu & à leur tems.

H. iij

XXVIII.

A'vne ligne droitte donneé accommoder vne
autre ligne , laquele approche touſiours d'icelle
droitte, ſans iamais ſe pouuoir conioindre à elle,
fuſſent elles infiniment alongees.

*Nous auons pieça eſcrit vn Commentaire, auquel nous
auons enſeigné trois manieres de deſcrire ceſte ligne. L'vne
maniere, qui eſt des anciens, à eſté par l'hyperbole: mais bien
difficile à comprendre: par ce que la deſcription eſt fort mal-
aiſee à repreſenter en plain: l'autre par Cercles ſ'entretou-
chans, qui eſt de noſtre deſſein: la tierce, qui eſt auſſi noſtre,
eſt la plus claire de toutes : laquele ſeule nous auons icy rap-
portee: à ce que la redite des autres ne fuſt ennuyeuſe.*

*Soit donq la ligne droite A B ; à laquele il faille appoſer
vne autre ligne, qui approche d'elle continuellement, ſans iamais concourir auec elle. De l'extremité A , ie meine vne
ligne intermince A C : Et en icelle i'aßigne deux poins, c'eſt
à ſçauoir D , plus pres du point A : & iceluy point D , mobile : L'autre point ſera E , plus lointain d'A, & iceluy immobile : Sur lequel point E , la ligne A , ſe meuue en circuit,
de tele façon, que l'extremité A , chemine touſiours & in-
uariablemēt au long de la ligne dōnee A B, & que de C D
A , ſoit faitte C D F, puis C D H : & ainſi par ordre, tant
qu'elle ſoit faitte C D B : comme elle eſt icy repreſentee. Et
en ce mouuement c'eſt force qu'il ſe rongne touſiours quelque
choſe de la portion C E, afin qu'il accroiſſe à la portion E
D : Comme vous voyez en la Figure, que C E , ſe fait
continuellement plus courte, & E D , plus longue : mais D*

A,

A, D E, D F, & les autres, estre tousiours egales, ain-
çois estre vne & mesme portion. Et les angles qui se font

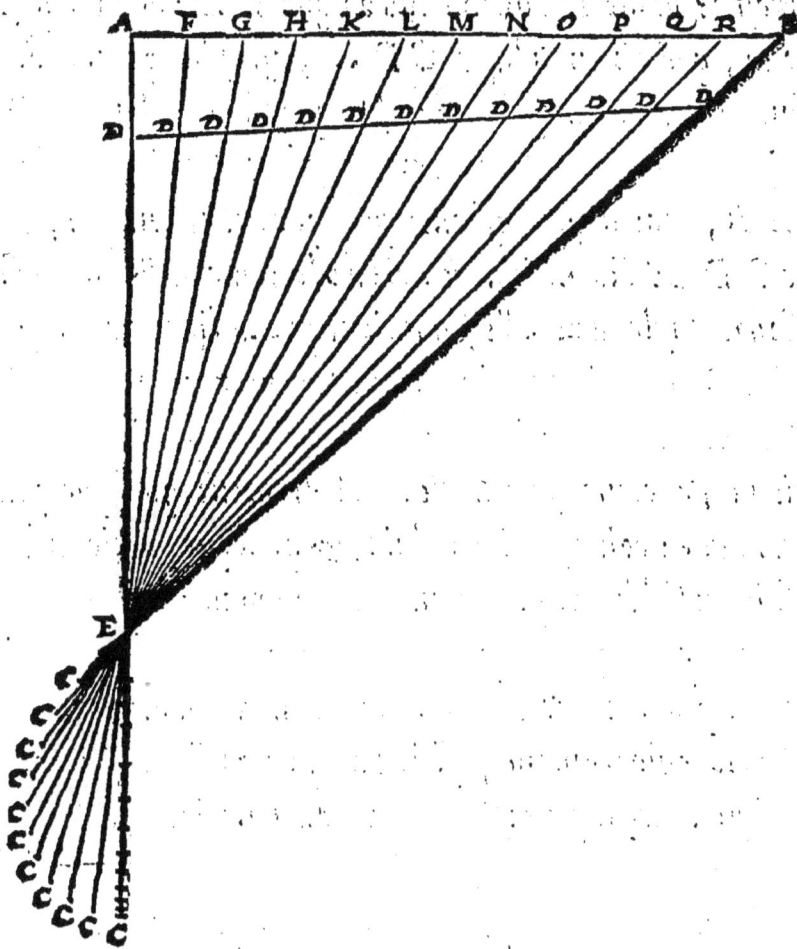

sur la ligne A B, *comme* C F A, C G F, C H G, & *les*
autres en auant, se faire continuellement plus aguz. C'est
à sçauoir que l'angle E A F, *est droit : mais* E F A, *est*
agu : puïs E G F, *plus agu, que n'est* E F A : & *ainsi*
tousiours outre. De quoy auient que la portion D A, *pan-*
che tousiours de plus en plus sur la ligne A B. *Par ainsi la*

ligne deſcritte par le point *D*, cheminant, ſe fait touſiours
plus proche de la ligne *A B* : Car il eſt manifeſte que le point
D, qui eſt en la ligne *C D F*, eſt plus proche de la ligne *A B*,
que n'eſt le point *D*, qui eſt en la ligne *C D A* : & que le
point *D*, qui eſt en la ligne *C D G*, eſt plus proche de la
meſme *A* B, que n'eſt le point *D*, qui eſt en la ligne *C D* F:
Et ainſi par ordre. Et comme *D*, n'atteigne iamais la ligne *A B*, (car il eſt ainſi entrepris, que l'extremité *A*, de la
ligne *C D A*, iamais ne varie de la ligne *A B*, mais face
touſiours angles auec elle) il auient que la ligne deſcritte par
le point *D*, cheminant, iamais ne ſe rencontre auec la ligne
A B : veu que la portion *C E*, ny meſme la portion *E D*, iamais ne ſ'accompagne d'elle. Autrement quelque partie
d'vne ligne droitte ſeroit en plain, & quelque partie en haut,
choſe impoſſible, ainſi que monſtre la premiere Propoſition
de l'onzieme des Elemens d'Euclide. Donques la ligne
deſcritte par le point *D*, eſt celle que nous voulons deſcrire.
Laquele euidemment ſe fait par vne miſtion de droit &
d'oblique. Qui plus eſt, ſi nous auiſons bien quel chemin
prend l'autre point extreſme, *C*, nous trouuerons qu'il ſe fait
vne autre ligne mixte par le point *C*, ainſi contourné : cependant que la portion *C E*, ſe vire & ſ'accourſit : Laquele
ligne euidément ſe fait par vne miſtiõ de droit & d'oblique.
Qui plus eſt, ſi nous auiſons bien quel chemin prend l'autre
point extreſme, *C*, nous trouuerons qu'il ſe fait vne autre
ligne mixte par le point *C*, ainſi contourné : cependant que
la portion *C E*, ſe vire & ſ'accourſit : En laquelle ligne, qui
n'eſt icy autrement deſcritte, ſe trouuera plus d'oblique, &
moins de droit : au contrire de l'autre ligne qui eſt deſcritte

par le

par le point D. Et de cecy se peut comprendre combien il y
a de sortes diuerses de lignes mixtes. Comme sont celles qu'on
appelle lignes Spirales, dites des Grecs Heliques. Et de celles cy se prattique vn vsage grand és ars mechaniques.
Mais ce sera assez de cecy pour nostre present affaire.

XXIX.

Entre deux lignes donnees trouuer mechani-
quement deux lignes continuellement proportionales.

La decision de ce Pro-
bleme, iadis mis en auant
par Hypocrate Cien, mit
en besongne toute l'eschole
de Platon, & depuis là,
iusques à nostre tems, toute la sequelle des Geome-
triens, pour pouuoir dis-
soudre celuy Probleme du
doublement du Cube: qui
fut lors, comme l'on dit,
proposé par Apollon: du-
quel la demonstration n'a
point encor esté comprise.
I'apporteray icy vn In-
strumēt, par moy autres-
fois inuenté, lors que i'es-

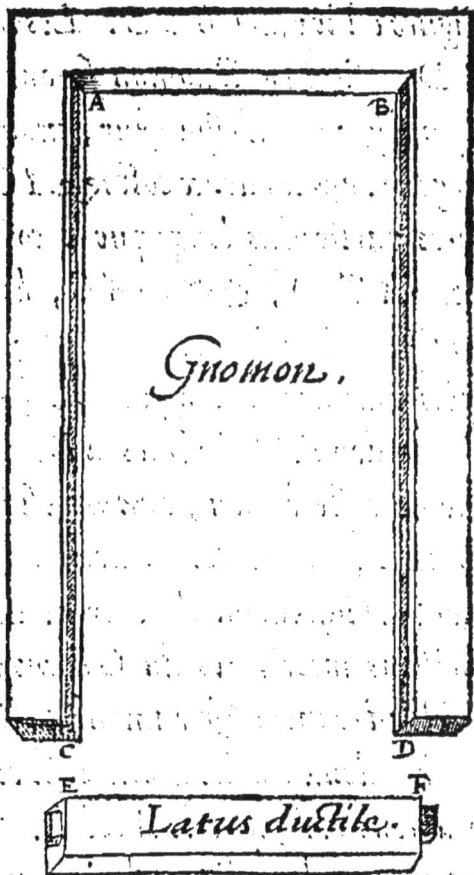

Gnomon.

Latus ductile.

criuoy mes Commentaires sur Euclide: duquel Instrument

I

peu apres ie donnay le Modelle au Seigneur Pontus De-
tiard, homme docte, & bien verse és Mathematiques.
Et depuis estant venu à ma connoissance vn Traité de
Pierre Nugnes Portugalois, Mathematicien fort ce-
lebre de nostre tems, ie vei que Platon auoit excogité la
mesme fabrique, ou bien peu diuerse de la mienne. En quoy
ie me suis resiouy grandement, d'auoir rencontré auec ce
grand homme sur le fait d'vne tele inuention. Mais venons à nostre propos. Soit fait vn Gnomon oblong, ou lon-
guet (combien que proprement vn Gnomon ne soit que de
deux costez) qui soit de matiere de bois ou de leton : dont la
Figure est icy, A B C D. Les trois costez A B, A C, &
B D, d'iceluy Gnomon seront bien à point de la largeur
d'vn doy : & d'espaisseur, moindre des trois pars, que la
largeur : & les deux costez A C, & B D, presque de la
tierce partie plus longs que le costé A B : & les deux angles A B D, & B A C, bien iustement droits. Les
espaisseurs interieures des costez A C, & B A, seront in-
cisees tout de leur long : c'est à sçauoir, depuis A, iusques à
C, & depuis B, iusques à D. En apres soit fait vn quatrieme costé à part, comme est ici E F, duquel les deux
bouts E, & F, soint attenuiz & eschancrez çà & la, si
bien, que iustement ils entrent dedans les deux cauitez ou
incisions interieures du Gnomon : & qu'iceluy costé E F,
puisse estre mené & ramené au log des costez A C, & B D,
faisant deux angles droits auec eux. Et pour cela nous ap-
pellerons E F, le costé Mobile. Par le moyen duquel nous
trouuerons deux lignes droites continuellement proportionales entre deux droites donnees, en ceste sorte.

Soint

ſoint les deux ligñes droittes G H, & H K, en- te leſqueles ſe coiuent trouuer ceux lignes conti- nuellement propor- tionales. Ie poſe les deux lignes en angle droit G H K : & alonge G H, interminément vers le point L : & auſſi K H, in- terminément vers le point M. Puis ſur les deux lignes

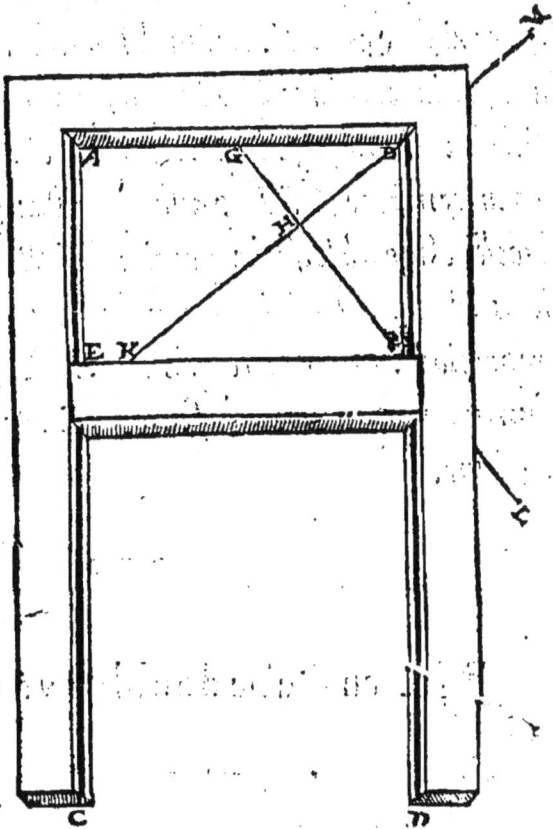

G L, & K M, ie remue ça & la le Gnomon, auec le coſté Mobile: de maniere que l'extremité G, de la ligne G L, ne ſe ſepare point du coſté AB : c'eſt à ſçauoir, que le coſté AB, touſiours ſe pourmeine par l'extremité G, & auſſi que l'angle B, du Gnomon, n'abandonne point la ligne K M. Et quant & quant i'aproche le coſté Mobile E F, & accommode le remuement d'iceluy auec le remuemēt du Gnomon, ſi que la ligne E F, iamais ne laiſſe l'extremité K, iuſqu'à tant qu'il ſe face vn angle droit B F K : c'eſt à ſçauoir, qu'il ſe face le Parallelogramme Rectangle A B F E : duquel le ſupreſme & plus long coſté, ſera la ligne A G B: & le coſté à luy egal & collateral, la ligne E K F: mais

I ij

les deux autres costez moindres collateraux, seront les deux
lignes A E, & B F. Auquel Parallelogramme vous voyez
la ligne interminee G L, passer par l'angle droit B F K, &
d'icelle estre abscise la portion H F : Semblablement la ligne interminee K M, passer par l'angle droit A B F, &
d'icelle estre abscise la portion H B. Et icelles deux portions H B, & H F, seront les deux lignes continuellemēt
proportionales entre les deux G H, & K H, donnees,
Comme nous auions à faire. De cecy ressort le Probleme
suyuant.

X X X.

Faire vn Cube double à vn Cube donné.

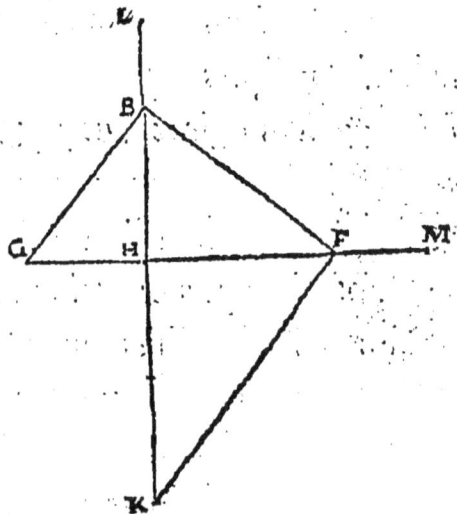

Soit G H, le costé du
corps Cubique donné, au-
quel se doiue faire vn autre corps Cubique qui
luy soit double. I'accom-
mode la ligne G H à angle
droit auec la ligne H K, laquele H K ie fai double à
la ligne G H: Et s'il faloit
tripler le Cube, ie le feroy
triple à icelle G H: Et ainsi
des autres proportions. Apres i'alonge G H interminément
au point M : & aussi K H interminément au point L.
Adonq ie couche le Gnomon auec le costé Mobile, en la fa-

çon cy deuant enseignée : c'est assauoir, que l'extremité G, tousiours soit sur le costé A B, & que l'angle B du Gnomon n'a-
bandonne point la ligne K L.: & finablement qu'il se face
l'Angle droict B F K, & soint abscises les deux portions
H B, & H E, & terminées és angles droits B, & F. Adonq
ces deux portions H B & H F seront continuellemēt proportionales entre G H & H K dönees : Desquelles portions,
B H sera le costé du Cube à trouuer, sauoir est, du Cube double au Cube du costé G H donné, Comme il estoit proposé.

Voila vn ouurage aucunement penible & contreint :
mais bien exquisitement songé pour la grande difficulté de
celuy Probleme proposé, du doublement du Cube : lequel a
engendré celuy precedent des deux lignes proportionales entre deux données : & icelny encores en a fait naitre vn
tiers de pareille difficulté (comme tousiours les meditations
produisent plusieurs auis de l'vn en l'autre) lequel Probleme est tel. Estant l'vn des extresmes donné en vne
ligne droite, trouuer en icelle ligne le milieu pro-
portionnal, & l'autre extresme : Lequel, combien qu'il
ne propose que de trois lignes cōtinuellement proportionales,
toutesfois ne donne pas moins de peine aux plus doctes Geometriens que celuyla des quatre lignes : à raison que les deux
lignes à trouuer, sont en proportion inconnue, & à tirer d'v-
ne ligne limitée : ainsi que pourront connoitre ceux qui se vou-
dront eprouuer en ce present discours. Et à la verité, celuy
Probleme du doublement du Cube, de quelque part qu'il
soit sorti, semble auoir esté offert aux hommes d'estude, pour
leur donner auertissement d'employer leur esprit aux oc-

cupations qui leur sont propres, c'est assauoir aux sugetz
vrayement Philosophiques, ce pendant que les successions
des choses se remuent. Mais ceste partie de speculation sera par nous plus expressement deduit-
te, Dieu aydant, en noz Commentaires sus Euclide.

F I N.

Fautes suruenues en imprimant.

En l'Epitre page 2, ligne 4, lisez les auis. pa. 9, l. 12, lisez côme si vous. pa. 11,
l. 21, lisez exterieurs. l. 23, lisez Proposition. pa. 13, l. 24, lisez lesquels. pa. 14, l.
23, lisez Irregulieres. pa. 23, l. 1, lisez l'autre, ie. pa. 32, l. 14, lisez premis. pa.
33 l. 7, lisez 62. pa. 34, l. 13, lisez cy apres) . pa. 35, l. 4, effaces des. l. 14, lisez
ces. l. 23, pour q, lisez B. pa. 44, l. 17 lisez auec ":) pa. 46, l. 18, lisez les vns autour des autres. l. 26, lisez inserer. pa. 51, l. 21, lisez par exemple. pa. 55. l. 13, li-
sez celles. pag. 56. l. 1. lisez Curseur. pa. 60, l. 19, effacez tout ce qui est icy iusques à la ligne 24: Car c'est mesme reditte.

www.ingramcontent.com/pod-product-compliance
Lightning Source LLC
Chambersburg PA
CBHW070812210326
41520CB00011B/1930

* 9 7 8 2 0 1 2 6 4 6 8 3 4 *